D1986489

Univ.-Prof. Dr. Otto Fleiß

Unsere Wirbelsäule

Neubearbeitung:

Dr. Helga Fleiß

Univ.-Prof. DI Dr. Hans-Peter Holzer
Univ.-Doz. Dr. med. Gert Ritter

KNEIPP
VERLAG
Leoben · Stuttgart

Die Autoren und ihre Arbeitsbereiche

Die Autoren sind Mitglieder des Lehrkörpers der Karl-Franzens-Universität Graz. Das von den Autoren entwickelte Wirbelsäulen-Vorsorge-Modell wurde mit dem österreichischen Staatspreis ausgezeichnet.

Univ.-Prof. Mag. Dr. Otto Fleiß
Untersuchungsmethoden und Projekte
Begründer der Grazer Gang- und Rückenschule

Dr. Helga Fleiß
Musik- und Bewegungsprogramme

Univ.-Prof. DI Dr. Hans-Peter Holzer
Modell- und Softwareentwicklung

Univ.-Doz. Dr. med. Gert Ritter
Fachorthopädische
Funktionsdiagnostik

ISBN 3-901794-84-0

Autor: Univ.-Prof. Dr. Otto Fleiß, Herbersteinstraße 76, A-8052 Graz
Neubearbeitung: Dr. Helga Fleiß
Univ.-Prof. DI Dr. Hans-Peter Holzer, Univ.-Doz. Dr. med. Gert Ritter

Grafik Wirbelixe: Nicola Wohlgemuth

Fotos und Videos: Steirische Gesellschaft für Wirbelsäulenforschung, Grazer Gang- und Rückenschule KEG, Dr. Helga Fleiß, Univ.-Prof. DI Dr. Hans-Peter Holzer, Foto Grün

Mitarbeiter: Mag. Michelle Seeling-Verbic, Mag. Gaby Rohringer, Katja Polz, Boris Penkoff

Technische Bearbeitung: Verlag des Österreichischen Kneippbundes Ges.m.b.H.

Druck: Theiss GmbH, 9500 Wolfsberg.

1. Auflage

Leoben, Jänner 2001

Inhalt

Zum Inhalt dieses Buches

Das Buch beginnt mit der Darstellung von Arbeitsmethoden der Grazer Schule zur optimalen individuellen Betreuung von Personen mit Wirbelsäulenproblemen.

Das Kapitel »Videoscreening der Wirbelsäule« zeigt, wie Haltung und Wirbelsäulenbewegung erfasst und Haltungsprobleme über gezielte Bewegungsprogramme verringert werden können.

Dieser erste Teil über die Grazer Wirbelsäulenanalyse und die Erstellung individueller Bewegungsprogramme soll anhand von Beispielen auch einen Einblick in die Komplexität dieser Arbeitsweise vermitteln.

Das Kapitel »Was tun bei Haltungsproblemen?« stellt die häufigsten Haltungsfehler vor und zeigt die wichtigsten Übungen dagegen auf.

Wenn jemand ein solches Schwerpunktprogramm übernimmt, sollte nach einem halben Jahr auf ein allgemeines Programm gewechselt werden, damit nicht zu lange einseitig trainiert wird.

Bei starken Fehlformen wie Skoliosen, Rundrücken etc. sollten Sie die vorgeschlagenen Übungsformen mit Ihrem Arzt oder Therapeuten besprechen, damit Sie individuell beraten werden können.

Im Kapitel über Rückenschmerzen wird der Weg aufgezeigt, den wir bei Wirbelsäulenbeschwerden vorschlagen und seit vielen Jahren mit Erfolg praktizieren: über Schon- und Schutzmaßnahmen und sanftes Bewegen, so lange noch Beschwerden vorhanden sind, bis zur leichten Funktionsgymnastik bei Rückgang der Beschwerden. Erst nach etwa 2 Monaten Schmerzfreiheit kann und soll mit dem allgemeinen Programm begonnen werden.

Achtung! Wenn die Schmerzen trotz vorsichtigen Übens nicht innerhalb von 14 Tagen geringer werden oder andere Beschwerden auftreten, sollte unbedingt ein Arzt aufgesucht werden!

Das Kapitel »Rückenschutz im Alltag« zeigt anhand experimenteller Untersuchungen die hohe Wirbelsäulenbelastung beim Heben und bringt eine Anleitung zum richtigen Heben. Hilfreiche Tipps für Alltags- und Reisesituationen machen Sie »rücken-fit«!

Unter »Bewegung« finden Sie einen Überblick über das verwendete Übungsgut, das von allen Personen, die keine Schmerzen haben, geturnt werden kann. Während die Mini-motion-Übungen primär der Vermeidung von Schmerzanfällen dienen, sind die Funktionsübungen Kräftigen – Entspannen – Dehnen – Mobilisieren und das Koordinationstraining die Grundlage für eine allgemeine Gesundheitsvorsorge.

Bei der Haltungsschulung werden verschiedene Übungsformen zur bewussten Haltungsoptimierung vorgeschlagen.

Im Anhang finden Sie Bewegungsprogramme mit Musik, mit denen Sie bei gesunder Wirbelsäule für Ihre körperliche Fitness trainieren können.

Die Wirbelsäule – ein Problem?

Die Anfänge jener Arbeitsrichtung, die heute kennzeichnend für die Grazer Schule ist, gehen auf das in den Achtziger Jahren als **Funktionsprogramm Wirbelsäule** entwickelte Konzept für eine allgemeine Prophylaxe von Wirbelsäulenbeschwerden und Haltungsschwächen zurück.

Der Grund für die Entwicklung dieses Vorsorgeprogrammes waren immer häufiger auftretende Wirbelsäulenbeschwerden bei Erwachsenen und eine steigende Anzahl von Kindern und Jugendlichen, die bereits Haltungsschwächen, Haltungsprobleme und Bewegungsstörungen haben.

Trotz des Rückganges an schwerer körperlicher Arbeit und guter ärztlicher Versorgung ist noch immer mindestens ein Drittel der Bevölkerung von immer wiederkehrenden Rückenschmerzen oder Problemen mit der Wirbelsäule betroffen.

Die steigende Anfälligkeit für Wirbelsäulenbeschwerden beschränkt sich dabei nicht mehr auf körperlich schwer arbeitende Personen, sondern betrifft zunehmend Menschen unterschiedlichster Berufe und Betätigungen. Besonders Frauen – egal, ob im Beruf, als (junge) Mütter, im Haushalt oder in allen drei Funktionen – haben Probleme mit ihrem Rücken.

Da Wirbelsäulenbeschwerden sehr oft Krankenstände, Rehabilitation oder Frühpensionierungen zur Folge haben, stellt dieser Umstand auf Grund der enormen Kosten und sozialen Unsicherheiten einen beträchtlichen wirtschaftlichen Aufwand dar.

Nach einigen Berechnungsmodellen werden die wirbelsäulenbedingten Kosten bereits als der zweithöchste Posten im Gesundheitswesen ausgewiesen.

Auch bei den Haltungsproblemen der Kinder und Jugendlichen hat sich eine deutliche Aspektverschiebung ergeben. Früher ging man von der »Norm« des kräftigen, normal beweglichen, gesunden Kindes aus, das erst durch die Schule eine gewisse Einschränkung in seinen Bewegungsmöglichkeiten erfuhr und bei dem frühestens im Haupt- oder Mittelschulalter Haltungsprobleme dokumentiert wurden.

Heute weiß man jedoch, dass ein Bewegungsdefizit schon vor dem Schuleintritt festzustellen ist und Haltungs- und Koordinationsprobleme nicht erst mit der Schule beginnen.
Mehr als die Hälfte der Grundschulkinder sind haltungs- oder bewegungsauffällig und sollten durch ein zusätzliches Trainingsprogramm gefördert werden.

Die Haltungsprobleme der Kinder und Jugendlichen werden mit zunehmendem Alter deutlicher und führen nicht selten schon im Schulalter zu Beschwerden und sogar zu Schmerzen.

Die berufsbedingten, stressabhängigen oder nur von unserem modernen Lebensstil (wenig Bewegung, viel Sitzen, falsche Ernährung, Zeit- und Leistungsdruck) hervorgerufenen oder mitbedingten Wirbelsäulenschmerzen sind ebenfalls beinahe schon selbstverständlich geworden.

Von der Forschung zur Praxis

Wirbelix denkt praxisnah: Forschung ist für alle da!

Die Entwicklung des Funktionsprogramms Wirbelsäule ist verbunden mit Forschungsprojekten des Österreichischen Forschungsförderungsfonds.

In Zusammenarbeit zwischen der Abteilung Bewegungslehre und Motorisches Lernen am Institut für Sportwissenschaften, der Universitätsklinik für Kinderchirurgie in Graz und der Steirischen Gesellschaft für Bewegungsforschung wurden Forschungsprojekte zur Entwicklung biomechanischer Untersuchungsmethoden durchgeführt, die zur Gesundheitsvorsorge sowohl für Kinder und Jugendliche als auch für erwachsene Personen eingesetzt werden konnten.

Arbeitsziele waren eine treffsichere Frühdiagnose, ein unschädliches, möglichst strahlungsfreies Untersuchungsverfahren, eine individuelle und gezielte Betreuung und darüber hinaus ein vielseitig einsetzbares Bewegungsprogramm.

Die in diesen Jahren erbrachten Grundlagen- und Einzelarbeiten aus dem Problemfeld Haltung – Bewegung – Gang – Belastung – Koordination führten zur Entwicklung des Videoscreenings der Wirbelsäule, zur Verbindung von Wirbelsäulenbewegung und Ganganalyse, zu einem Feedbackmodell für die Gangtherapie sowie zu Belastungsuntersuchungen beim Heben.

Die allen diesen Einzelarbeiten zugrunde liegende Methode bedient sich der Bewegung als diagnostische Hilfe und zugleich als aktive Therapieform.

Gleichzeitig mit den Untersuchungsmethoden wurden Bewegungsprogramme für Kinder, Jugendliche und Erwachsene erarbeitet. In der Kombination von Untersuchungsmethode und Bewegungsprogrammen wurde und wird das Wirbelsäulen-Vorsorge- und Therapieprogramm in vier Einsatzgebieten angewendet:

- als Einzeluntersuchung in Form der Wirbelsäulenanalyse und einem individuellen Bewegungsprogramm,
- als Rückenschule für Betriebe, Gemeinden etc. in Form von Einzeluntersuchungen, individuellen Bewegungsprogrammen, Arbeitsplatzanalysen und einem allgemeinen Bewegungsprogramm,
- als Wirbelsäulenwoche (besonders bei chronischen Schmerzen) mit Einzeluntersuchungen, individuellen Bewegungs-

programmen, den Lektionen der Grazer Rückenschule und allgemeinen Bewegungsprogrammen mit Musik und

- als Reihenuntersuchung in Schulen in Verbindung mit individuellen und allgemeinen Bewegungsprogrammen.

In der nunmehr 20-jährigen Praxis wurden unter anderem ein 6-jähriges Rückenschulprojekt an 50 steirischen Schulen durchgeführt, jährlich mehrere Rückenschulen und Wirbelsäulenwochen abgehalten und laufend Einzelpersonen betreut.

An den Ausbildungen zu diesen Programmen haben bisher über 600 Übungsleiter, Rückenschullehrer, Therapeuten und Ärzte teilgenommen.

Die Ergebnisse der verschiedenen Projekte haben eines gezeigt: Der Weg über eine genaue Analyse der Haltung und der Bewegung, die Interpretation der Analyse gemeinsam mit dem Betroffenen, die Erstellung individueller Bewegungsprogramme und die sorgfältige Einschulung in die Bewegungsübungen bringen nicht nur ein optimales Verständnis für die Notwendigkeit einer Bewegungsmaßnahme, sondern auch die Motivation und die Konsequenz, dies tatsächlich zu tun.

Und in der Verbindung dieser beiden Aspekte – der Einsicht in die Notwendigkeit und Richtigkeit eines Bewegungsprogrammes und der konsequenten Durchführung der Bewegungsübungen – liegt der Erfolg: eine bessere Leistungsfähigkeit, eine bessere Haltung und die Überwindung von Schmerzen.

Für den Arzt oder Therapeuten, der die Wirbelsäulenanalyse interpretiert und die Bewegungsprogramme individuell auswählt, bietet die Funktionsanalyse der Wirbelsäule die Möglichkeit, auch eine »versteckte« Bewegungseinschränkung, Haltungsabweichung usw. sofort zu erkennen und gezielt Übungen dagegen auszuwählen. Diese moto-logische Arbeitsweise bedeutet die »logisch« begründbare Zuordnung einer Bewegungsübung zu einem Bewegungsdefizit.

Die Erfahrungen der letzten Jahre haben auch gezeigt, dass neben den individuellen Programmen auch Schwerpunktprogramme gegen spezielle Haltungsprobleme angenommen werden. Diese sind auch dort gewünscht, wo nach oder zu den allgemeinen Bewegungsprogrammen eine weitere Intensivierung geplant ist.

Die Anregungen und Bewegungsprogramme, die Sie in diesem Buch finden, sind zwar vielfach erprobt, der Erfolg in der Praxis ist allerdings immer nur dann eingetreten, wenn sich der systematische Aufbau des Bewegungsprogrammes mit einer gewissen Konsequenz des Übens gepaart hat!

Im Folgenden wollen wir auf die bereits erwähnten Zusammenhänge unserer Forschungsarbeiten mit der Entwicklung der Bewegungs- und Therapiemaßnahmen eingehen.

Es soll auch gezeigt werden, warum z. B. die »Schwingung« der Wirbelsäule beim Gehen eine besondere Bedeutung für den Rücken hat oder wie die Fußgymnastik auf die Haltung wirkt – und weshalb mit Musik einfach alles besser geht!

Das Videoscreening der Wirbelsäule

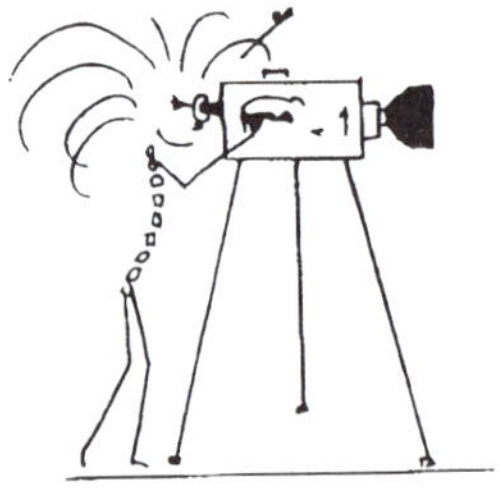

Video, sagt Wirbelix, zeigt dir viel und tut dir nix.

Die Methode des Videoscreenings der Wirbelsäule basiert auf der Idee, die Wirbelsäule »sichtbar« zu machen und sie in der Bewegung zu beobachten.

Zu diesem Zweck wird die Haut über den Dornfortsätzen entlang der Wirbelsäule und an drei Beckenpunkten mit reflektierenden Punkten versehen. Die bei leichter Anstrahlung während der Videoaufnahme **leuchtende Wirbelsäule** vermittelt einen Gesamteindruck der Wirbelsäulenform. Dabei ist »das Ganze« mehr als die Summe seiner Teile: Man sieht nicht eine unbestimmte Anzahl von Punkten, sondern erkennt die Wirbelsäule als eigene Gestalt.

Die solcherart markierte Wirbelsäule kann bei der Haltungs- und Bewegungsuntersuchung gut beobachtet und dokumentiert werden.

Bereits bei den ersten Untersuchungen der 80er Jahre setzten wir bei den für die Forschungsarbeiten durchgeführten Hochgeschwindigkeitsanalysen von Gangmustern bewegungsgestörter Kinder und Jugendlicher Videoaufzeichnungen als diagnostisches Mittel zur Voranalyse der Bewegungsabläufe ein.

Dabei konnten wir feststellen, dass diese Möglichkeit der Bewegungsbeurteilung bereits weitgehend Einblick in etwaige Bewegungs- und Koordinationsstörungen gibt.

Für wissenschaftliche Fragestellungen und die erforderlichen Messungen musste zum damaligen Zeitpunkt noch traditionelles Filmmaterial verwendet werden, da die Videotechnik noch in den Kinderschuhen steckte.

Mit **Video statt Röntgen** wurde schließlich ein unkompliziertes, unschädliches und daher beliebig häufig einsetzbares Verfahren zur Erfassung und Kontrolle von Fehlhaltungen und Fehlbewegungen der Wirbelsäule entwickelt.

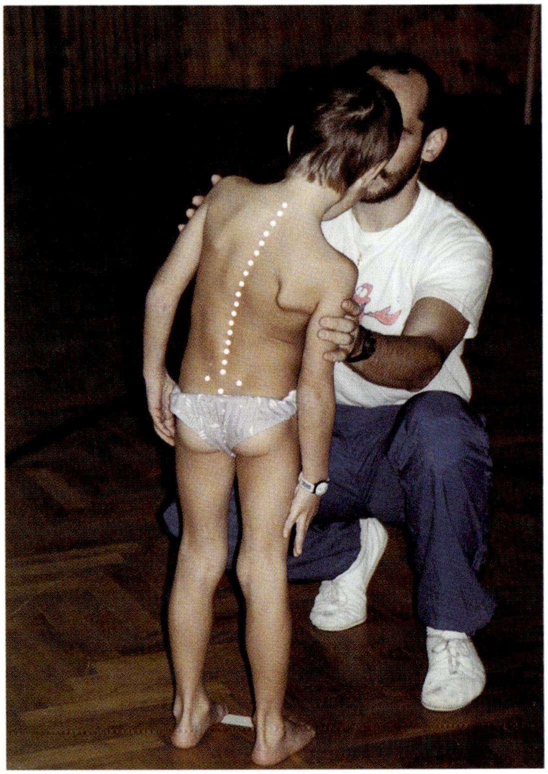

Das Videoscreening hat Vorteile, die es gerade für regelmäßig durchzuführende Haltungsuntersuchungen als besonders geeignet erscheinen lassen:

- Es ist ein nicht invasives Verfahren.
- Die Durchführung ist einfach und ermöglicht auch Serienuntersuchungen.
- Die Haltungs- und Bewegungsbeurteilung ist zeitunabhängig und jederzeit reproduzierbar.
- Die Dokumentation der Ergebnisse kann über verschiedene Medien erfolgen: vom einfachen Videoprinter bis zum Datenausdruck (Videodigitalisierung) über den Rechner.

Das Videoscreening ist heute eine Arbeitsmethode, die sich zur raschen Beurteilung auffälliger Haltungs- und Bewegungsmuster etabliert hat und sich auch bestens für den Einstieg in das Gebiet der Bewegungsanalysen eignet.

Die Ganganalyse

Wer sich wohl fühlt
auf den Füßen,
kann das Gehen froh genießen.

Der Gang eines Menschen ist eine so charakteristische Bewegung, dass sie vielfach als der individuellste Bewegungsausdruck überhaupt gilt.

Leider ist diese natürliche Art der Fortbewegung nicht für alle Menschen eine Selbstverständlichkeit.

Oft verursachen schon alltägliche Gehstrecken Beschwerden in der Wirbelsäule oder in den Gelenken und der ersehnte Spaziergang wird zur Qual. In vielen Fällen liegt die eigentliche Ursache dieser Beschwerden in Fehlbelastungen, die während des Gehens auftreten.

Auch für die Frühdiagnose von Fehlhaltungen und zur Abklärung von Wirbelsäulenbeschwerden ist die Bewegung der Wirbelsäule einer der wichtigsten Anhaltspunkte.

Daher werden bei der biomechanischen Ganganalyse Gangmuster und Wirbelsäulenbewegung in Beziehung gesetzt und dabei möglichst viele Aspekte des Ganges aufgezeichnet:

Die Bewegungsaufzeichnung erfolgt mittels Film, elektronischer Verfahren oder Video. Die am Boden wirksam werdenden Kräfte werden über Kraftmessplatten, die Muskelaktivitäten über EMG erfasst.

Die Aufzeichnung der vollständig markierten Wirbelsäule und des Beckens parallel mit der Seitansicht des Körpers während der Gehbewegung hat ergeben, dass die Beobachtung der Wirbelsäulenbewegung während des Gehens eine Verbesserung oder Verschlechterung des Gangmusters am deutlichsten anzeigt.

Ein asymmetrisches Gangmuster infolge einer Beinlängendifferenz oder eines Beckenschiefstandes belastet Wirbelsäule und Gelenke bei jedem Schritt ebenso wie ein zu hartes Aufsetzen oder ein schlechtes Schuhwerk.

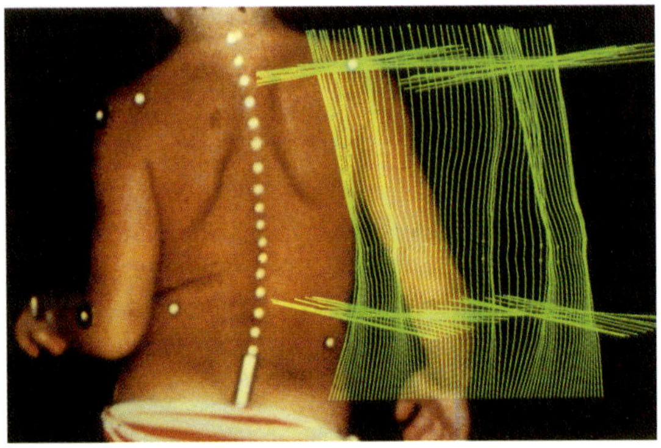

Bewegung der Wirbelsäule beim Gehen

Die Computergrafik zeigt die Einzelbildabfolge der Wirbelsäulenbewegung in der Länge von zwei Doppelschritten. Die einzelnen Positionen der Wirbelsäule sind dabei nach rechts verschoben und nebeneinander dargestellt.

Der sich nach rechts bewegende grüne Fächer repräsentiert die Wirbelsäulenpositionen in einem zeitlichen Abstand von 0,02 Sekunden. Die quer laufenden Linien sind die Bewegung der Schulter und des Beckens.

Aus dem Verlauf der Beckenbewegung ist deutlich die asymmetrische Kippbewegung zu ersehen, die als dynamischer Beckenschiefstand bezeichnet wird.

Sowohl die Schulter-Becken-Bewegung als auch die Wirbelsäulenbewegung weisen auf eine großbogige seitliche Verkrümmung der Wirbelsäule hin.

Die Videoaufzeichnung der Beckenbewegung und der Schwingung der Wirbelsäule beim Gehen zeigt demnach zwei wichtige Aspekte, die wir für die Funktionsanalyse der Wirbelsäule ausnützen:

Erstens sehen wir in der Beckenbewegung das Ergebnis der Bewegung der beiden Beine. Sind die Beine gleich lang, kann das Becken rechts und links symmetrisch abkippen. Ist ein Bein länger, sieht man das sofort in der unterschiedlichen Beckenbewegung.

Bei einem asymmetrischen Gang bewegt sich jedoch nicht nur das Becken ungleichmäßig, auch die Wirbelsäule schwingt asymmetrisch.

Wenn die Wirbelsäule seitliche Krümmungen oder Bewegungseinschränkungen aufweist, schwingt sie beim Gehen stärker in die Krümmung als in die Gegenrichtung. Somit ist auch hier die Wirbelsäulenbewegung ein verlässlicher Indikator für etwaige Haltungsprobleme.

Die Ganganalyse in Verbindung mit einer Kraftaufzeichnung zeigt aber auch noch einen anderen Aspekt:

Sowohl die Gehgeschwindigkeit als auch das Material der Schuhe können Wirbelsäulenbeschwerden verstärken: Je schneller man geht, desto höhere Kräfte werden wirksam, und zwar nicht nur im Fuß, sondern auch in der Wirbelsäule. Bei harten Absätzen und schnellem Gehen ist die Prellbelastung am höchsten.

Bei Wirbelsäulenbeschwerden kann man daher mit weichen Schuhen und langsamen Schritten bereits eine schmerzhafte Überbelastung vermeiden.

Akustisches Feedback zur Gangschulung

Wirbelix meint: Du wirst sehen, mit den Ohren lernst du gehen!

Rückmeldungen über den Bewegungsablauf geschehen einerseits körperintern, können aber auch in Form einer externen Informationsvermittlung (Bio-Feedback) erfolgen.

Eine solche externe Messgröße ist die Kraft, die beim Gehen auf den Boden wirkt. Der Kraftverlauf ist ein Kraft-Zeit-Kontinuum, welches sowohl den Kraftanstieg beim Fußaufsetzen, die Höhe der Kraft, die Dauer der Belastung sowie den Kraftabfall beim Fußabheben wiedergibt. Somit steht mit der Auftrittskraft ein ideales Medium zur Schulung von Personen mit Gangstörungen zur Verfügung.

Als Feedbackinformation werden die beim Gehen über eine Messplattform gemessenen Kräfte in eine einfache Tonfolge umgesetzt und dem Übenden zugespielt. Auf diese Weise »hört man, wie man geht«.

Die Tonfolge, die als »Melodie« (tonale Gestalt) eine ähnliche Charakteristik aufweist wie der Kraft-Zeit-Verlauf während der Stützphase eines Fußes, gibt durch verschiedene Töne unterschiedlich hohe Kraftschwellen wieder.

Sie wird nach kurzer Zeit wie eine Rückmeldung aus dem eigenen Körper verarbeitet und ermöglicht eine eindrucksvolle Veränderung und Verbesserung des Gangmusters. Die einfache Tonfolge übernimmt quasi die Rolle einer Leitmelodie und bewirkt die Gestaltung der Bewegung.

Kinder mit Spitzfuß-Aufsetzmuster können nach wenigen Übungseinheiten ein flaches Fußaufsetzen erreichen und auch das Abrollmuster wird deutlich verbessert.

Dabei wird nicht nur ein einzelner Bewegungsparameter verändert (Spitzfuß), sondern es erfolgt ein pattern shift (Musterwechsel), eine deutliche Veränderung des gesamten Gangmusters und nicht nur eines Einzelmerkmals.

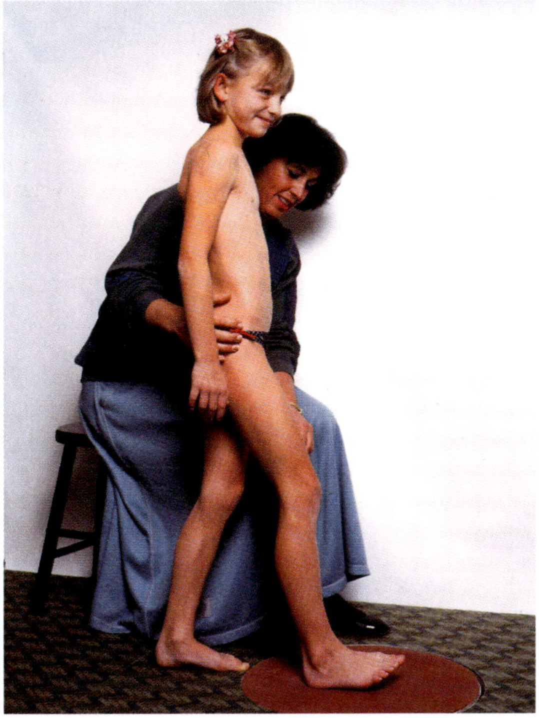

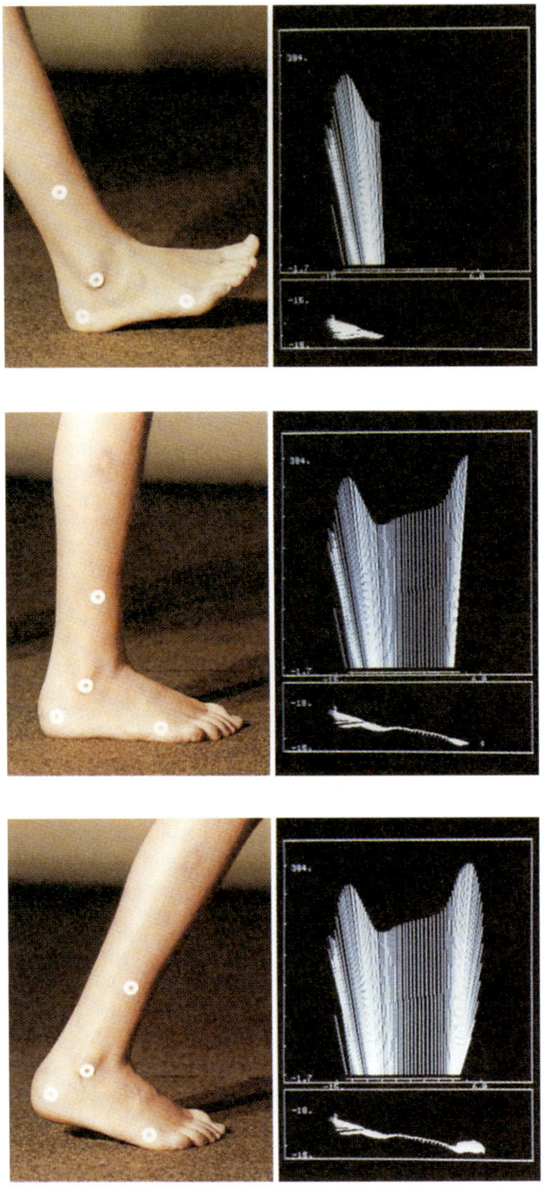

Beim Abrollen des Fußes steigt die Kraft geringfügig über das Körpergewicht an, senkt sich, wenn der Körper über dem Fuß ist und steigt beim Abstoß wieder an.
Die Vektoren neigen sich zuerst »bremsend« gegen die Gangrichtung und dann in die Gangrichtung.

Als dritter Effekt zeigt sich beim akustischen Feedback-Training, dass auf der Fußsohle eine Art trigger-area angesprochen wird, über die bei Bodenberührung eine Haltungsveränderung ausgelöst werden kann.

Dieses Feedbacksystem wird auch bei Personen mit Wirbelsäulenbeschwerden eingesetzt, die dadurch ein hartes Aufsetzen, asymmetrische Belastung und Gleichgewichtsprobleme kontrollieren und modifizieren lernen.

Schläge in der Wirbelsäule, die bei hartem Aufsetzen unvermeidbar sind, werden geringer, das Abrollmuster wird gleichmäßiger und die Rechts-Links-Symmetrie verbessert.

Bei Gangstörungen kann durch ein Stütz-Streck-Muster mit Spitzfußaufsetzen die Kraft bis zum 1 1/2fachen des Körpergewichtes ansteigen und zeigt einen unruhigen Kurvenverlauf.

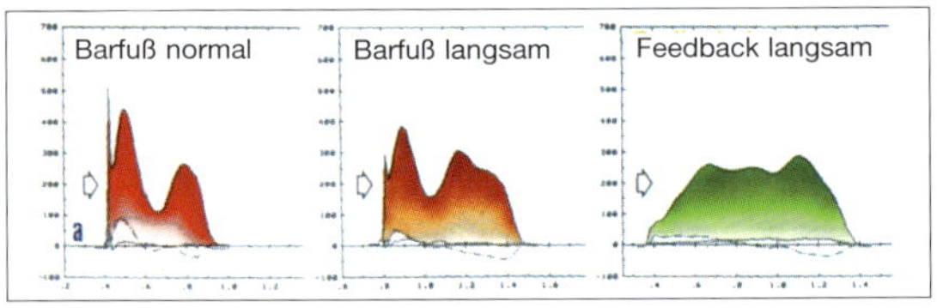

Mit dem tonalen Feedback gelingt eine deutliche Harmonisierung der Bewegung, die auch in den Kraftkurven zum Ausdruck kommt.

Die Erfahrungen mit der Feedbacktherapie wurden in das Bewegungstraining zum Schutz der Wirbelsäule eingebaut:

- Durch das richtige **Abrollmuster** des Fußes über Ferse – Ballen – Zehen werden sowohl die Körperhaltung als auch die Gesamtbewegung verbessert.

Demzufolge enthält das Bewegungsprogramm viele Übungen zur Schulung des Abrollmusters bei Einzelschritten (Fußuhr, Schrittrollen, Fußnoten, Fußwiege etc.) und zur Aktivierung der »trigger areas« Fußsohle, Beckenregion und Nacken.

- Die **Tonfolge** der Feedbacktherapie, die sich mit dem Bewegungsablauf zu einer neuen Einheit verbindet, beeinflusst nicht nur die Bewegungsgestaltung, sondern wirkt offenbar auch zentral auf das Bewegungsmuster und die Muskelinnervation.

Nur so ist es erklärbar, dass ein Kind mit starkem Spitzfußmuster und verspannter Wadenmuskultur nach wenigen Therapieeinheiten ein flaches Aufsetzen des Fußes erreicht.

Das Üben mit Unterstützung durch die Tonfolge hat eine Entspannung der Wadenmuskulatur und erstmals auch ein normales Gangmuster ermöglicht.

Die **Kraft der tonalen Struktur** in der Verbindung von Melodie und Bewegung ist ein wesentlicher Ansatz bei allen Bewegungsprogrammen für die Wirbelsäule:
Die eigens zur Bewegung komponierte Musik (H. Fleiß/H. Burghard) erleichtert die Bewegungsausführung und verbessert die Gesamtkörperkoordination.

Die Musikprogramme der Grazer Rückenschule KIWI, MOVE TO MUSIC (COOL sChOOL), RÜCKEN-STÜCKE wurden nach diesem tonal-motorischen Gestaltungsprinzip zusammengestellt.

- Das als pattern shift bezeichnete Phänomen, das in der Feedbacktherapie durch Veränderung eines einzelnen Bewegungsmusters (Abrollbewegung) auch ein ganz komplexes Bewegungsmuster (Körperhaltung, Fußstellung, Wirbelsäulenbewegung, Dynamik etc.) mitverändert, könnte auch für den Problemkreis Wirbelsäule von Bedeutung sein:

  In erweiterter Hinsicht umfassen diese Patterns neben den Bewegungsmustern auch Emotionen, Empfindungen, Schmerzen, Schmerzerwartungen, Angst usw. Ein pattern shift – also der Wechsel aus einem Schmerzmuster mit Muskelverspannung, Streckhaltung, Schmerzerwartung und übervorsichtigem Bewegungsverhalten in ein fast normales und schmerzfreies Bewegen ohne Angst – ist etwas, das wir immer wieder in der Praxis erfahren konnten.

In der Rückenschule versuchen wir daher, die Voraussetzungen für einen solchen Musterwechsel durch die Kombination verschiedener Arbeitsweisen zu erreichen.

Vorsichtiger Übungsaufbau, positive Arbeitsatmosphäre, soziale Kontakte in der Gruppe, das Vermeiden von Schmerz etc. lassen eine positive Erwartungshaltung, Vertrauen in schmerzfreie Übungsformen und Freude an der Bewegung mit Musik entstehen und bereiten das Feld für die Überwindung des Schmerzmusters vor.

Umsetzung von Forschungsergebnissen

Aus den unterschiedlichen Arbeitsrichtungen und Ergebnissen der einzelnen Projekte ergaben sich neue Ansätze, die in der Praxis weiterentwickelt werden konnten und heute zu den Schwerpunkten der Grazer Schule zählen:

Methoden und Therapien

- Videoscreeening der Wirbelsäule
- Biomechanische Ganganalyse
- Akustische Feedback-Therapie bei Gangstörungen *gait-med*
- Skoliose-Therapie mit Optofeedback, Skoliosebaum und Rumpfkraftwippe

Wirbelsäulen-Vorsorge-Modelle

- Vorsorgemodell für Kinder und Jugendliche KI-WIPP
- Wirbelsäulen-Primärprävention WIPP für Gemeinden und Betriebe
- Haltungskontrolle für Musiker
- Rückenschule für Betriebe
- Rückenschule für Erwachsene

Ausbildungskurse

- Übungsleiterausbildung
- Fortbildungskurse für Kindergärtner/-innen und Lehrer/-innen
- Workshops für Ärzte/Ärztinnen

Bewegungsprogramme

- Schwerpunktprogramme gegen die häufigsten Fehlhaltungen
- Tonal-motorische Bewegungslektionen der Grazer Rückenschule
- Musik-Gymnastik-Programme der Grazer Rückenschule

Computerprogramme

- PC-Übungskatalog *wirbel-med*
- SpineAnalysisSystem *SAS*
- Feedback-System *gait-med*
- Dynamisches Hebemodell *lift-med*
- Kraftregistrierung zur Ganganalyse *dyno-med*

Trainingshilfen

- Rückenset für die Schongymnastik
- Rumpfkraftwippe

Kluger Bücher wahrer Geist
erst sich in der Praxis weist.

Videoscreeening der Wirbelsäule – Funktionsanalyse und individuelles Bewegungsprogramm

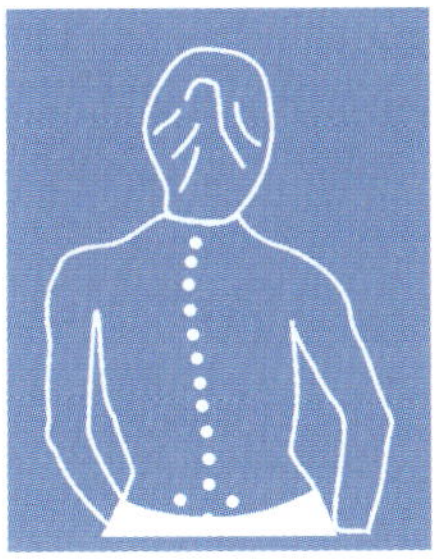

Die Grazer Wirbelsäulenanalyse

Das Videoscreening der Wirbelsäule wird sowohl in der **Primärprävention** als auch in der **Sekundärprävention** zur Haltungsuntersuchung von Personen eingesetzt, die sich nicht in einem akuten Schmerzzustand befinden. Ein besonderer Schwerpunkt sind Haltungsuntersuchungen von Schulklassen und Betrieben.

Diese Methode wird in Arztpraxen und Rehabilitationszentren, in der Krankengymnastik, in Kuranstalten und Gesundheitshotels, von Krankenversicherungen etc. durchgeführt.
Die Wirbelsäulenanalyse besteht aus folgenden Stationen und Leistungen (in der angegebenen Reihenfolge):

1. **Klinische Untersuchung durch den Arzt und Muskelfunktionstest**
2. **Markierung der Dornfortsatzreihe und des Beckens**
3. **Videoaufzeichnung der standardisierten Haltungs- und Bewegungsserien**
4. **Computerunterstützte Funktionsanalyse von Haltung und Wirbelsäule (SAS)**
5. **Besprechung der Videoaufzeichnung mit dem Patienten**
6. **Erstellung eines individuellen Bewegungsprogrammes über einen PC-Übungskatalog (wirbel-med)**
7. **Analysemappe mit Bilddokumentation der Aufzeichnung, Analysebefund, vorgeschlagenen Maßnahmen und individuellem Bewegungsprogramm**
8. **Praktische Einschulung in die Bewegungsübungen**
9. **Kontrolle der Übungen**

Als **Wirbelsäulen-Primärprävention** ist die Wirbelsäulenanalyse für alle jene Personen gedacht, die eine genau dokumentierte und nachvollziehbare Information über die Bewegungsfunktion ihrer Wirbelsäule haben wollen und ein für ihren augenblicklichen Zustand geeignetes und wirkungsvolles Übungsprogramm zur Erhaltung oder Verbesserung der Wirbelsäulenfunktion suchen.

Diese Analyseform ist angezeigt bei:

- sporadisch auftretenden Rückenproblemen, Kreuzschmerzen oder Wirbelsäulenbeschwerden,
- berufsbedingten Verspannungssyndromen (Sitzen, Computerarbeit) und/oder wirbelsäulenbelastenden Tätigkeiten (Dreh-, Beuge-, Trag-, Zieh- und Hebebewegungen),
- Beschwerden während oder nach der Ausübung sportlicher Bewegungsabläufe,
- muskulären Haltungsschwächen,
- familiären Anlagen zu Fehlhaltungen (Rundrücken, Skoliosen),
- Beckenschiefstellung und/oder Beinlängendifferenz,
- Bewegungseinschränkungen

oder einfach aus dem Wunsch nach einer gezielten individuellen Wirbelsäulengymnastik, die aufgrund einer aktuellen individuellen Funktionsdiagnose erstellt wird.

In der **Wirbelsäulen-Sekundärprävention** ist die Methode überall dort von Vorteil, wo eine regelmäßige Kontrolle von Haltungs- oder Wirbelsäulenproblemen stattfinden soll, eine häufige Röntgenbelastung jedoch nicht erwünscht oder notwendig ist.

Hier bietet die Grazer Wirbelsäulenuntersuchung eine optimale bildgebende Dokumentation. Sie dient als Ausgangspunkt für spätere Kontrolluntersuchungen und als Begleitmaßnahme:

- in der Rehabilitation nach Bandscheibenvorfällen oder -operationen,
- nach Gelenkoperationen (Hüfte, Knie, Fuß),
- bei chronischen Kreuzschmerzen oder Wirbelsäulenbeschwerden ohne eindeutigen klinisch-pathologischen Befund,
- bei orthopädischer Schuhversorgung nach Beinlängenausgleich,
- zur Dokumentation physiotherapeutischer Maßnahmen,
- bei klinisch nicht lokalisierbaren Schmerzzuständen im Nacken- und Rückenbereich,
- bei Osteoporose.

Klinische (orthopädische) Untersuchung

Bei der klinischen Untersuchung werden neben anamnestischen Daten Zustand und Funktion aller am Stütz- und Bewegungsapparat beteiligten Strukturen (Skelettsystem, Bandapparat, Muskelapparat und dessen Versorgung mit Nerven) erfasst. Die Untersuchung erfolgt im Liegen und im Stehen.

Bei Erwachsenen steht naturgemäß die Schmerzanalyse im Vordergrund, aber auch entzündliche (rheumatische) Erkrankungen, degenerative Veränderungen (Arthrosen) und Stoffwechselstörungen (Osteoporose, Gicht) sowie neurologische Erkrankungen werden erhoben.

Bei Schuluntersuchungen ist die ärztliche Untersuchung eine der fünf Stationen, die jedes Kind absolviert.

Die klinische Untersuchung sollte in der Regel der Videoaufzeichnung vorangehen, da bestimmte Befunde (Schmerzen, Blockaden, Bandscheibenläsionen usw.) eingeschränkte oder zusätzliche Aufnahmebedingungen für das Videoscreening erforderlich machen. Bei Beinlängendifferenzen und/oder Skoliosen kann die Auswirkung eines statischen oder therapeutischen Längsausgleichs in verschiedenen Aufzeichnungen (mit und ohne korrigierende Einlage) sowohl in der Statik (Standaufnahme) als auch in der Dynamik (Gangaufzeichnung) geprüft werden.

Markierung der Dornfortsatzreihe

Zur »Sichtbarmachung« der Wirbelsäule verwenden wir reflektierende Folienpunkte, die ein schnelles und genaues Anbringen und ein leichtes Abnehmen garantieren.

Für die Markierung wird zuerst die Dornfortsatzreihe abgetastet und dann, beginnend mit dem letzten Halswirbel, jeder Dornfortsatz bis zum fünften Lendenwirbel markiert.

Zusätzlich werden drei Beckenpunkte und bei bestimmten Fragestellungen auch zwei Schulterpunkte angebracht.

Die auf diese Weise markierte Wirbelsäule erlaubt eine bessere Beurteilung sowohl der Gesamtfunktion als auch einzelner Wirbelsäulenabschnitte. Dadurch sind im Vergleich zu üblichen Haltungsuntersuchungen genauere diagnostische Aussagen möglich.

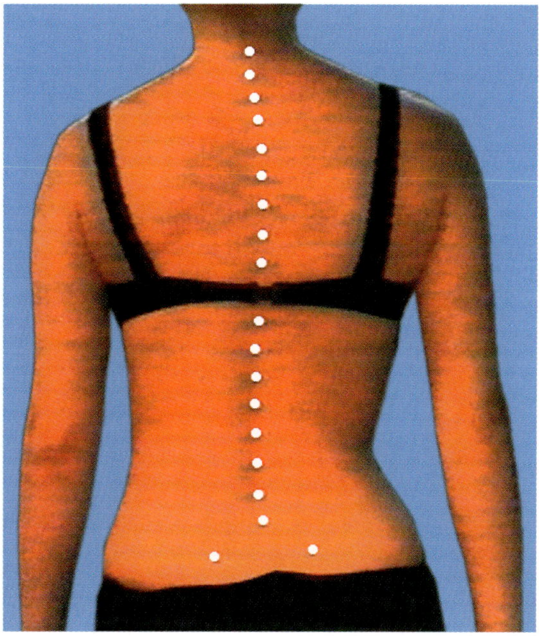

Die Video-Aufzeichung

Für die Aufzeichnung der Beurteilungspositionen und -bewegungen benötigt man eine Videokamera, ein justierbares Stativ, ein dimmbares Spotlight, eine dunkle Rückwand und einen Kontrollmonitor.

Um die Bewegung gleichzeitig von hinten und von der Seite (3D) verfolgen zu können, kann eine zweite Kamera (im rechten Winkel zur Hauptkamera) über ein Mischpult eingesetzt werden.

Die aufzunehmende Person – möglichst in Badehose/Bikini – bewegt sich in einer Bewegungsebene, die parallel oder rechtwinkelig zur Bildebene liegt, so dass keine perspektivischen Verzerrungen auftreten.

Zur Standardaufzeichnung zählen:

- aufrechter Stand von hinten,
- Rumpfvorbeuge von hinten bis zur tiefstmöglichen Position,
- Seitneigen nach rechts und nach links,
- aufrechter Stand von der Seite,
- Rumpfvorbeuge von der Seite bis zur tiefstmöglichen Position,
- Gehen (bei Bedarf auch mit Schuhen und Ausgleich).

Als Zusatzvariable wird bei einer klinisch gemessenen Beinlängendifferenz oder bei vorhandenem Ausgleich auch der Gang mit Schuh und Ausgleich aufgenommen.

Bei der Gegenüberstellung der beiden Stützpositionen kann die Wirkung des Ausgleichs auf die Schwingung der Wirbelsäule festgestellt werden.

Bei Kindern werden noch Aufnahmen der Bewegungskoordination gemacht, bei Musikern Aufnahmen beim Spielen des Instruments etc. (Arbeitspositionen).

Die Funktionsanalyse

(SpineAnalysisSystem SAS)

Für Haltungs- und Wirbelsäulenuntersuchungen nach der Methode des Videoscreenings der Wirbelsäule wurde die Software SAS entwickelt, die von der Bildeingabe über Beurteilungsmenüs bis hin zum Formularausdruck der Bildserie und des Haltungsprofils führt.

Die Bearbeitung der Daten aus dem Anamneseblatt, der klinischen Untersuchung, den Muskeltests und der Videoaufzeichnung erfolgt über ein Computerprogramm, welches folgende Funktionen erfüllt:

- Digitalisierung und Speicherung der ausgewählten Bilder
- Computerunterstützte Beurteilung der Bilder nach einem vorgegebenen Schema
- Ausdruck der Bildserien und der Beurteilungsergebnisse

Digitalisierung der Bilder

Nach Aufnahme der Daten aus dem Anamneseblatt, der klinischen Untersuchung und den Muskeltests werden standardisierte Positionen aus der Videoaufzeichnung am Videorecorder (Standbild) ausgewählt und mittels Videodigitalisierung in den Rechner eingelesen.

Es sind dies die Standardpositionen Stand (von hinten und von der Seite), Vorbeugen (von hinten und von der Seite), das Oberkörperseitneigen und ausgewählte Bilder der Gehbewegung – eine rechte und eine linke Schrittposition zum Zeitpunkt der maximalen Becken-Seitabkippung.

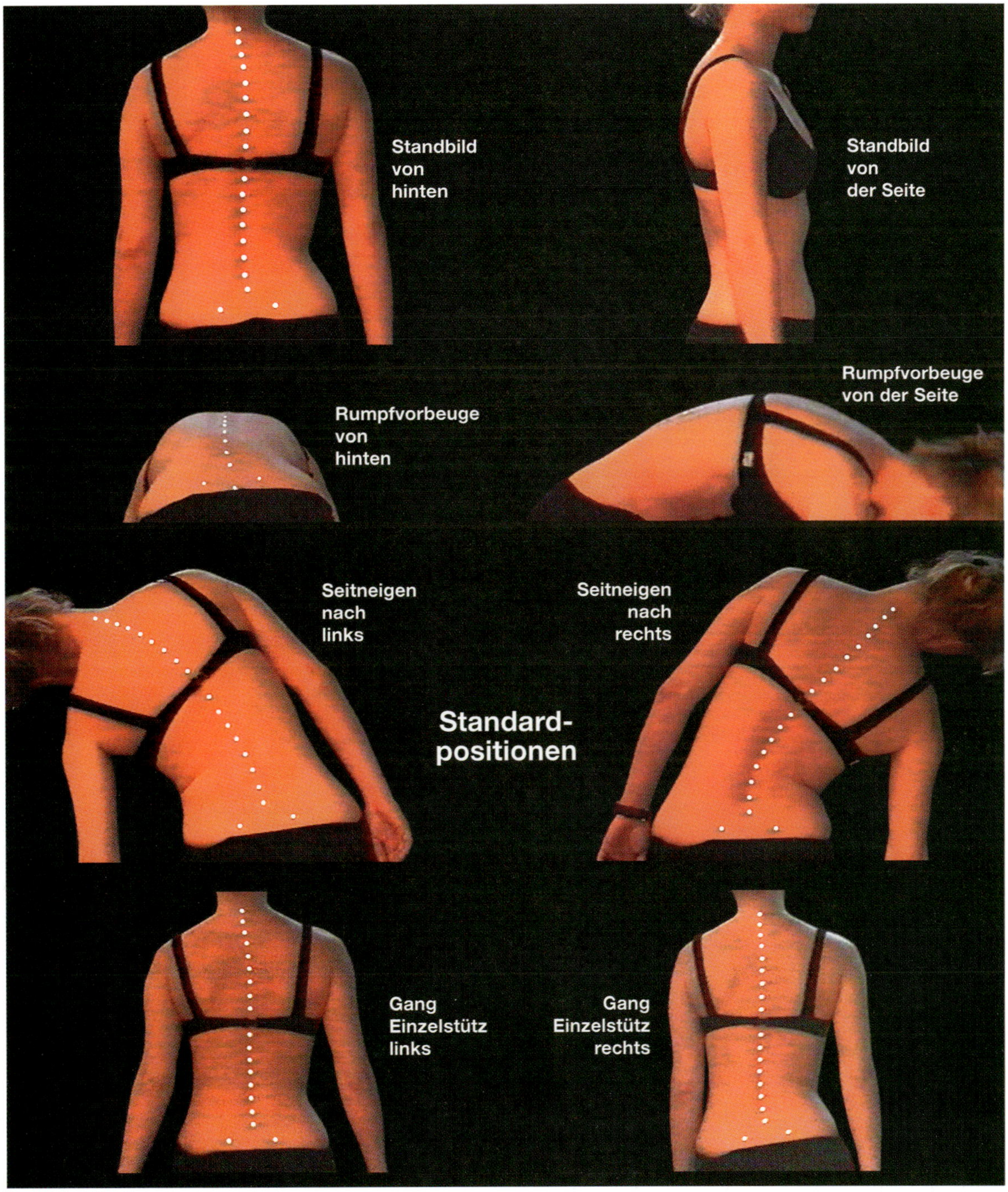
Standbild
von
hinten
Standbild
von
der Seite
Rumpfvorbeuge
von
hinten
Rumpfvorbeuge
von der Seite
Seitneigen
nach
links
Seitneigen
nach
rechts
Standard-
positionen
Gang
Einzelstütz
links
Gang
Einzelstütz
rechts

Computerunterstützte Beurteilung

Die Haltungsbeurteilung mit SAS beginnt mit der Übernahme der zu beurteilenden Haltungspositionen in den Rechner. Dabei wird nach einer bestimmten Reihenfolge jedes Bild auf dem Rechner in vergrößerter Aufnahme dargestellt und kann anhand eines vorgegebenen Schemas beurteilt werden.
Als Beurteilungshilfen gibt es für jede Position Vorgaben von Experten, die eine nor-

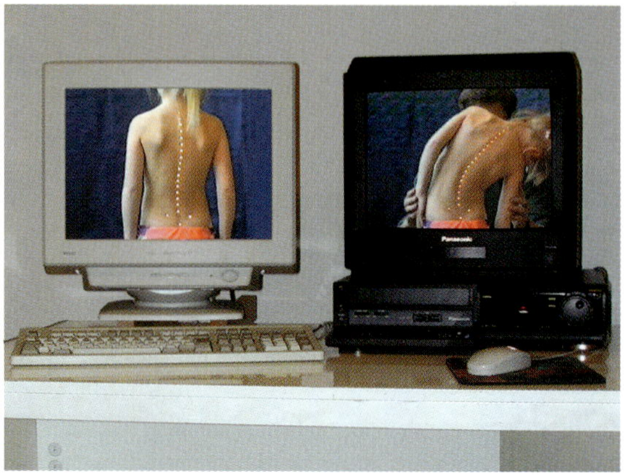

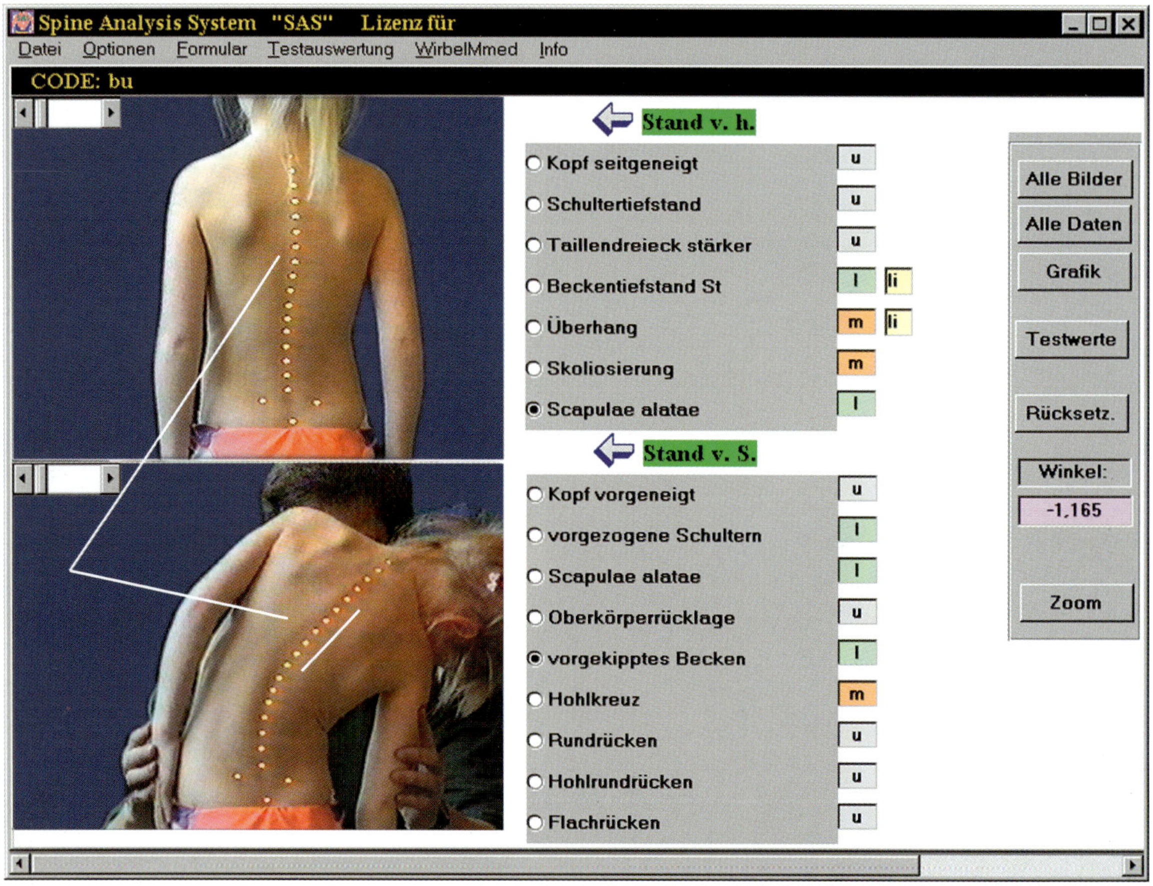

Menü-unterstützte Beurteilung der digitalisierten Bilder

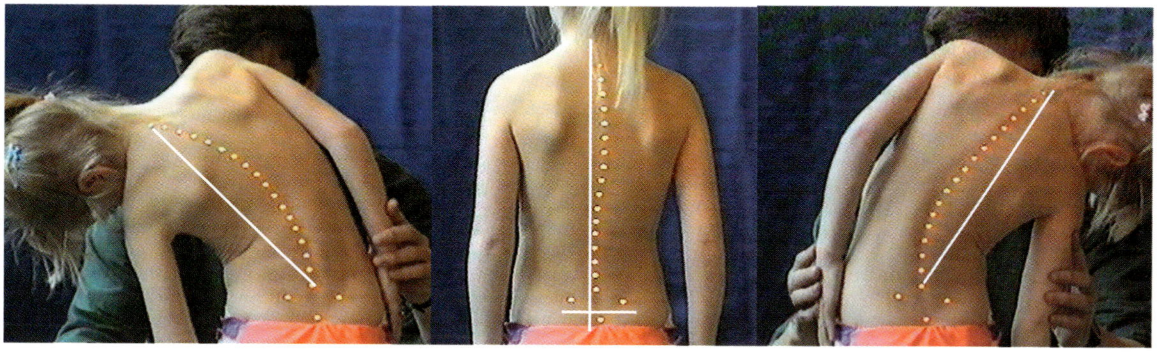

Messparameter zur Beurteilung von Haltungsmerkmalen

mierte Befundung unterstützen. Dabei können aus einem Merkmalsblock zutreffende Merkmale angewählt und registriert werden:

Beispielsweise für das Seitneigen die Gesamtbeweglichkeit nach rechts und nach links, Bewegungseinschränkungen oder überbewegliche Abschnitte, oder für die Rumpfbeuge von hinten betrachtet Asymmetrien in der Rückenkontur, ein Beckentiefstand und Skoliosierung. Bei Bedarf kann jeder Parameter noch weiter definiert werden (z. B. Krümmungszentrum und Krümmungsrichtung bei Skoliosierungen). Durch das Einblenden von Winkeln oder grafischen Symbolen wird die Beurteilung erleichtert und kann anschaulich dokumentiert werden. Der Ausdruck der Bilder ist in verschiedenen Formularvarianten möglich.

Befundblatt

Die Funktionsanalyse der Wirbelsäule wird auch als grafisches Analyseblatt ausgedruckt und weist die Ergebnisse der Untersuchung als Summeninformation aus.

Ein zusätzliches Befundblatt, das über den Rechner erstellt und ausgedruckt werden kann, dient dem Arzt zur schriftlichen Dokumentation der Anamnese- und Befunddaten sowie der vorgeschlagenen Kontrolluntersuchungen und Therapiemaßnahmen.

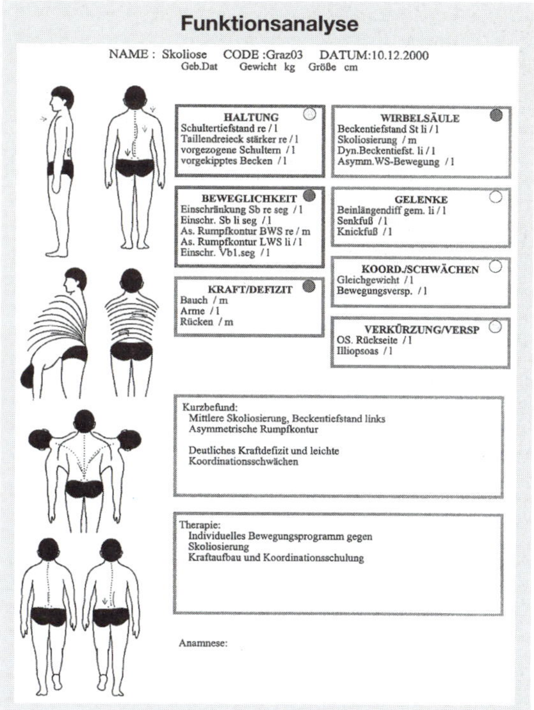

Funktionsanalyse

NAME : Skoliose CODE :Graz03 DATUM:10.12.2000
Geb.Dat Gewicht kg Größe cm

HALTUNG
Schultertiefstand re / l
Taillendreieck stärker re / l
vorgezogene Schultern / l
vorgekipptes Becken / l

WIRBELSÄULE
Beckentiefstand St li / l
Skoliosierung / m
Dyn.Beckentiefst. li / l
Asymm.WS-Bewegung / l

BEWEGLICHKEIT
Einschränkung Sb re seg / l
Einschr. Sb li seg / l
As. Rumpfkontur BWS re / m
As. Rumpfkontur LWS li / l
Einschr. Vb1.seg / l

GELENKE
Beinlängendiff gem. li / l
Senkfuß / l
Knickfuß / l

KOORD./SCHWÄCHEN
Gleichgewicht / l
Bewegungsversp. / l

KRAFT/DEFIZIT
Bauch / m
Arme / l
Rücken / m

VERKÜRZUNG/VERSP
OS. Rückseite / l
Illiopsoas / l

Kurzbefund:
Mittlere Skoliosierung, Beckentiefstand links
Asymmetrische Rumpfkontur

Deutliches Kraftdefizit und leichte
Koordinationsschwächen

Therapie:
Individuelles Bewegungsprogramm gegen
Skoliosierung
Kraftaufbau und Koordinationsschulung

Anamnese:

Grazer Gang- und Rückenschule

Besprechung von Videoaufzeichnung und Funktionsanalyse

Hoppla, da – sagt Wirbelix – hilft nur Turnen und sonst nix!

Die Besprechung der Videoaufzeichnung mit dem Patienten hat den Vorteil, dass der Untersuchte sich mit seinem realen Bewegungsverhalten direkt identifizieren und etwaige Auffälligkeiten an seiner ihm bislang unbekannten Kehrseite auch selbst erkennen kann.

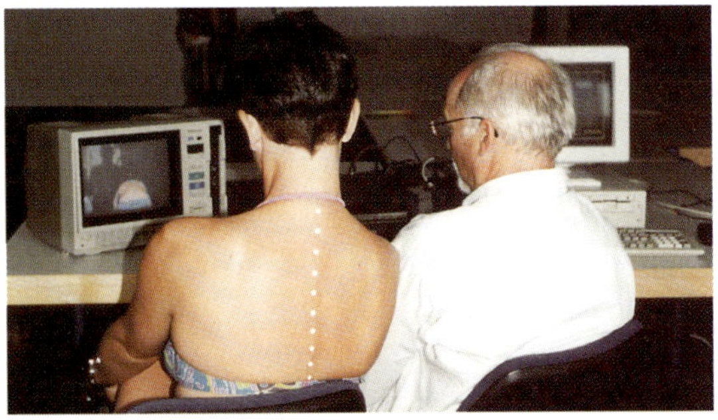

Diese »Einsicht« in offensichtlich gewordene Haltungsschwächen oder Bewegungseinschränkungen fördert die Bereitschaft für eventuell notwendige Übungen oder Therapiemaßnahmen.

Weiters bietet die gemeinsame Betrachtung der persönlichen Krisenzonen mit einem Fachmann auch die Gelegenheit, mögliche Ursachen oder Zusammenhänge mit anderen Beschwerden (Sport, Arbeitssituation, Musizieren) zu hinterfragen und individuelle Lösungen zu finden.

Erstellung eines individuellen Bewegungsprogrammes (wirbel-med)

Nach der Erfassung, Interpretation und Dokumentation der individuellen Probleme ist der nächste Schritt die Umsetzung der gewonnenen Erkenntnisse in ein möglichst wirkungsvolles Therapie- und Bewegungsprogramm.

Zuerst wird das **Arbeitsziel** definiert (z. B. Haltungsverbesserung – Hohlkreuz) dann die Reihenfolge der Trainingsschwerpunkte bestimmt (z. B. zuerst Entspannungs-, dann Beweglichkeitsübungen und Kraftaufbau) und schließlich die Zusammenstellung der Einzelübungen vorgenommen.

Das erfolgt mit einem **Übungskatalog,** aus dem über den Computer Einzeltafeln mit Übungen, die nach ihrer primären Wirkungsweise zusammengestellt sind (Kraft – rot, Dehnen – blau, Mobilisieren – grün, Entspannen – violett etc.), aufgerufen werden können.

Für Kinder gibt es eigene Wirbelix-Übungen und eine »Kindergartenseite«, die den Übungsprogrammen »Turnen im Kindergarten« und »Wirbelix bewegt die Welt« entsprechen.

Gipfeltreffen

Steppenreiter

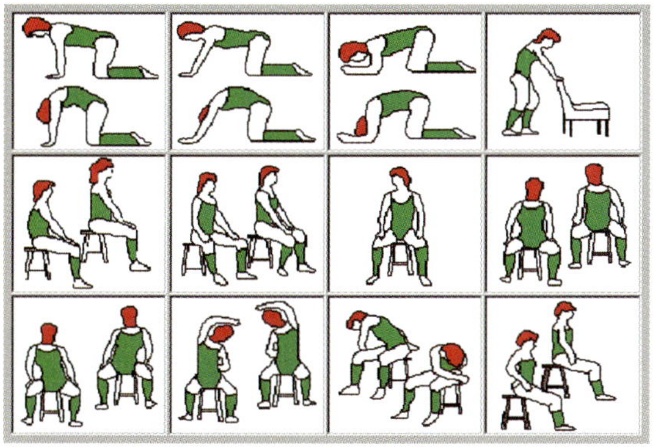

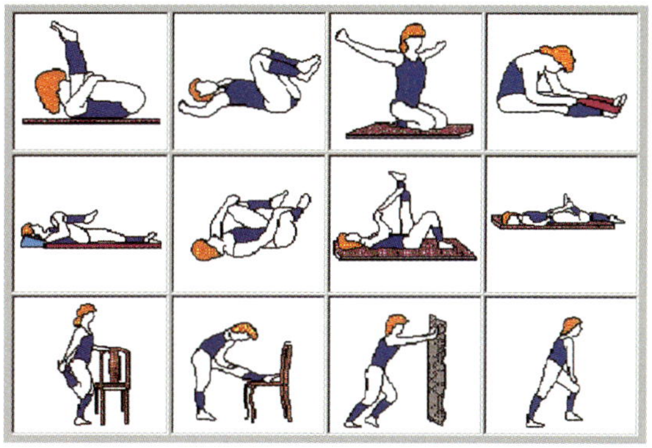

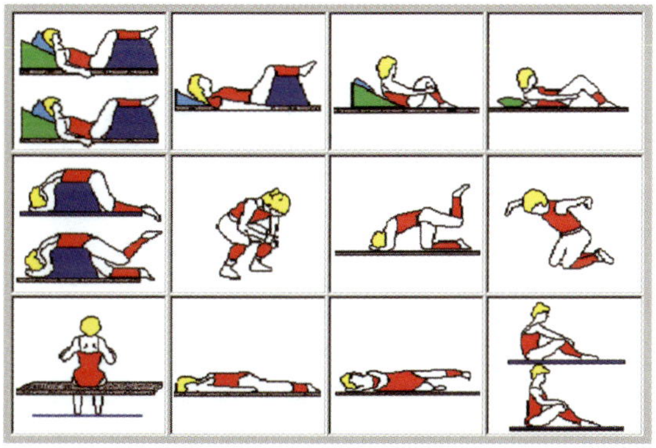

Bei der **Auswahl der Übungen** erscheint auf der Übungsseite zusätzlich ein Effektogramm. An einem eingeblendeten Körperschema sieht man, an welcher Körperstelle die Übung hauptsächlich wirksam ist und zu welchem Trainingsschwerpunkt (kleiner Kreis in der entsprechenden Farbe) sie gehört.

Zusätzlich wird in einem Balkendiagramm die Anzahl der einzelnen Übungen – unter-

teilt nach Wirkungsweise (Kraft, Mobilisieren, Dehnen usw.) – in der entsprechenden Farbe angezeigt.

Beide Diagramme erleichtern die Kontrolle von Wirkungsweise und Auswahl der Übungen und unterstützen damit ein ausgewogenes und gezieltes Training.

Die Einzelübung besteht aus einer farbigen Männchengrafik mit einer Beschreibung der Übung sowie Angaben über Wirkung und Ausführungsform. Die vorgeschlagene Anzahl kann pro Übung eingetragen werden.

Für immer wiederkehrende Problembereiche wie Hohlkreuz, Rundrücken, Skoliosierung, Haltungsschwäche oder Rundrücken stehen Seiten mit einer Vorauswahl von Übungen zur Verfügung.

Die »persönliche« Übungszusammenstellung wird in Form eines farbigen Computerausdrucks erstellt und sollte täglich geturnt werden.

Individuelles Bewegungsprogramm

Ei-Position

Ausgang: Rückenlage mit zum Körper gezogenen Beinen, Unterarme unter den Knien kreuzen.
Bewegung: Leichtes Strecken der Beine, die Stirn in Richtung Knie bewegen.
Wirkung: Leichtes Dehnen der unteren Rückenmuskulatur.

X-Large-Kraft

Ausgang: Bauchlage mit Beckenkeil, Arme gestreckt.
Bewegung: Gesäß leicht anspannen = LWS fixieren, dann werden abwechselnd der rechte Arm und das linke Bein bzw. der linke Arm und das rechte Bein geringfügig von der Unterlage abgehoben.
Wirkung: Kräftigung der Rücken- und Gesäßmuskulatur bei stabilisierter Wirbelsäule.

Laterales Mobilisieren

Ausgang: Lockerer Sitz auf einem Sessel, Füße flach, Hände auf den Oberschenkeln.
Bewegung: Seitliches Verschieben des Oberkörpers nach re/li im Bereich der Brustwirbelsäule.
Wirkung: Laterale Mobilisation der Brustwirbelsäule.

Analysemappe

Die Ergebnisse der Funktionsanalyse – Bilddokumentation, Befundblatt und individuelles Übungsprogramm – werden als Analysemappe zusammengestellt und dem Patienten mitgegeben.

Vorgeschlagene weitere Maßnahmen wie etwa Röntgenaufnahmen, orthopädische Schuhe (Beinlängenausgleich) oder Physiotherapie können anhand dieser Unterlagen mit dem Hausarzt besprochen werden.

Praktische Einschulung

Im Anschluss an die Besprechung des Übungsprogrammes erfolgt die praktische Einschulung in die wichtigsten oder aktuell vorrangigen Übungen. Es ist immer notwendig, die vorgeschlagenen Übungen mit der betreffenden Person durchzuführen und zu kontrollieren, ob die Ausführung dem Übungsinhalt entspricht. Erst bei der praktischen Kontrolle kann abgeschätzt werden, ob das erwünschte Übungsziel erreicht wird.

Kontrolle der Übungen

Nach einigen Wochen, wenn das Übungsprogramm bereits längere Zeit hindurch täglich absolviert wurde, sollte eine Kontrolle der Übungsausführung erfolgen.

Bei therapeutischen Maßnahmen (Schuhausgleich, Stockhilfe etc.) sollte die Kontrolle nach einer gewissen Gewöhnungszeit erfolgen, in der eine Umstellung des Bewegungsmusters bereits eingetreten ist (ca. 3 Wochen).

Das individuelle Bewegungsprogramm

Der wichtigste Schritt nach einer erfolgten Wirbelsäulenanalyse ist die Entscheidung, selbst etwas für die Erhaltung oder Rückgewinnung der optimalen Wirbelsäulenfunktion tun zu wollen. Die beste Diagnose kann den Zustand des eigenen Körpers nicht verändern, sondern nur Möglichkeiten erkennen lassen, durch die eine Verbesserung der aktuellen Situation erreicht werden kann.

Eine Wirbelsäulentherapie hat immer etwas mit Bewegung zu tun: Entweder man lässt sich bewegen oder man führt selbst ein Bewegungsprogramm durch.

Für die Funktionseinheit Wirbelsäule bedeutet Bewegungsmangel jedenfalls eine Schwächung der Muskulatur. Es kommt zu Einschränkungen der Muskelleistung und der Beweglichkeit, die sich auf verschiedene Art und Weise bemerkbar machen.

Bewegung als Teil der allgemeinen Gesundheitsvorsorge hat besonders in unserer Zeit eine neue Bedeutung bekommen. Die modernen Lebens- und Arbeitsformen haben uns Schlagwörter wie Leistungsdruck, Stress, Isolation und – wohl am häufigsten vorkommend – Zeit- und Bewegungsmangel beschert.

Ein ausgewogenes Bewegungsprogramm kann viele Schwachstellen in unserem Körper positiv beeinflussen und zur Verbesserung des Gesamtbefindens und der körperlichen Leistungsfähigkeit beitragen. Regelmäßige Bewegung fördert unser Wohlbefinden, unsere Aktivität und unsere emotionale Grundstimmung.

Die Individualität von Haltung, Bewegung und Koordination ist ein Charakteristikum des Menschen. Das Erkennen und Berücksichtigen dieser Individualität ist die fachliche Herausforderung bei der Erstellung von Bewegungsprogrammen.
Es ist zu unterscheiden, ob Bewegungsprogramme für Einzelpersonen oder für Gruppen erstellt werden sollen.

Individuelle Programme sollen

- auf die persönlichen Probleme abgestimmt sein und die Ausgangslage des Übenden berücksichtigen. Also bei großer Leistungsbereitschaft ein umfangreicheres Bewegungsprogramm anbieten als bei einer ambivalenten Einstellung zur Bewegung (no sports!) und nur geringer Absicht zur Selbsttätigkeit.
- »moto-logisch« aufgebaut sein, d. h. mus-kuläre Einschränkungen, Fehlhaltungen oder Schwächen werden durch jeweils funktionsverbessernde, kompensierende, korrigierende oder stärkende Übungen ausgeglichen und sind auch für den Übenden einsichtig.
- nach den zunächst vorrangigen und notwendigen Korrektur- und Ausgleichsübungen als eigentliches Ziel ein persönliches »Normalprogramm« vorbereiten,

das nach dem (wieder) erreichten Zustand der Schmerzfreiheit die Rückkehr zur normalen Belastbarkeit vorsieht.

- die unterschiedliche Art der Übungsausführung berücksichtigen. Daher soll jede Übung an dem Betreffenden kontrolliert werden. Erst wenn man sieht, wie jemand eine Übung ausführt, kann man beurteilen, ob diese Übung für ihn zielführend ist oder nicht.

Allgemeine Bewegungsprogramme sollen den verschiedenen Bevölkerungsgruppen (Kindern, Jugendlichen, Berufstätigen, Hobby-Sportlern, Senioren) ein wirkungsvolles Übungsgut anbieten, das entsprechende Bewegungsreize setzt, alle notwendigen Anforderungen an eine gesunde Gymnastik erfüllt und von der Normalbevölkerung gefahrlos geturnt werden kann.

Nicht alle Menschen können sich für ein einsames Absolvieren ihrer notwendigen Übungen begeistern.

Ideal ist natürlich die Kombination beider Varianten: das individuelle Übungsprogramm täglich zu Hause und einmal wöchentlich Turnen in der Gruppe.

Individuelle Übungsauswahl

Ziel einer Intervention über die Bewegung ist das auf die Einzelperson abgestimmte Bewegungsprogramm. Damit können individuelle Probleme, aber auch Stärken berücksichtigt werden, und man kann sich auf jene Übungen beschränken, die unbedingt notwendig sind.

Voraussetzungen für die Erstellung eines individuellen Programmes sind

- eine möglichst umfassende Analyse der Probleme und auch der motorischen Fähigkeiten der Einzelperson,
- eine fachkompetente Interpretation der Analyseergebnisse und
- die Umsetzung dieser Ergebnisse in eine Zusammenstellung der notwendigen Bewegungsübungen für ein tägliches Training zu Hause.

Beispiel Hohlrundrückenhaltung

Das folgende Beispiel zeigt ein häufig vorkommendes Haltungsproblem: den Hohlrundrücken. Diese Rückenform findet sich als Anlage schon bei Kindern – mit zunehmendem Alter erfährt diese Anlage oft eine Fixierung, so dass die Möglichkeiten einer Verbesserung mit dem Alter deutlich zurückgehen.

Bei starker Fixierung (degenerative Veränderungen) eines Rundrückens, wie sie bei älteren Menschen auftritt, sind die Mobilisierungsmöglichkeiten zwar eingeschränkt, Verbesserungen sind aber immer möglich.

Der Hohlrundrücken kann auch als »Haltungsverfall« bei jüngeren Personen, speziell im pubertären Wachstumsschub in Erscheinung treten.

In diesen Fällen sind Fixierungen der Wirbelsäule selten, die runde Rückenform resultiert eher aus einer Haltungsschwäche (Schwäche der Rückenmuskulatur), oft in Verbindung mit der bewussten Verleugnung

einer »guten Haltung«. Hier ist eine Haltungsverbesserung bei entsprechend intensivem Training und einiger Willenskraft immer gegeben.
Bei einem in Zusammenhang mit Osteoporose auftretenden deutlichen Rundrücken, oft in Verbindung mit einem verstärkten Hohlkreuz, ist eine Haltungsverbesserung so lange möglich, als die Beweglichkeit der Wirbelsäule erhalten und die Rückenmuskulatur so weit gestärkt werden kann, dass die Haltungsaufrichtung von der Muskulatur gesichert wird.

Vorgangsweise im Beispiel Hohlrundrücken:

Die aufgrund der Anamnese, der klinischen Untersuchung, der Muskeltests sowie der Funktionsanalyse gewonnenen Daten ergaben neben einer familiären Anlage zur Rundrückenhaltung starke Verspannungen der Nacken- und Schultermuskulatur (a), eine Verkürzung der Brustmuskulatur rechts stärker als links (b), eine sehr schwache Bauchmuskulatur (c), schwache Rückenmuskeln (d), eine Rundrückenhaltung im Bereich der mittleren Brustwirbelsäule (e) und eine geringe Hyperlordose bei der Vorbeuge (f) sowie einer Bewegungseinschränkung der Wirbelsäule (lateral) beiderseits.

Das Videoscreening macht die Arbeitsbereiche deutlich:

<u>Bereich 1:</u>

- Verstärkte Krümmungen in der Hals-, Brust- und Lendenwirbelsäule,
- vorgezogene Schultern, Schwäche der Rücken- und Bauchmuskulatur,
- Bewegungseinschränkungen beim Seitneigen.

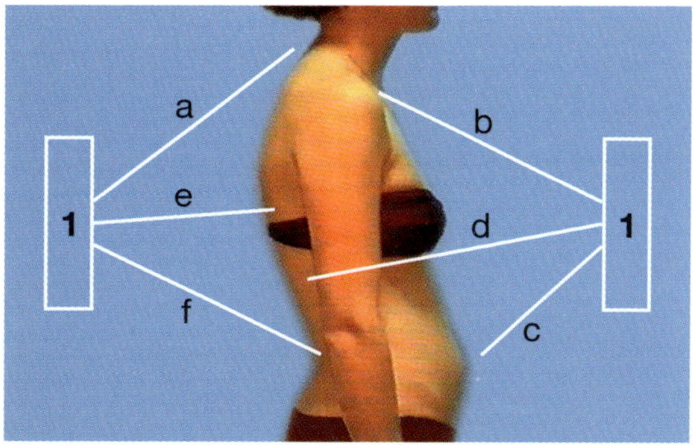

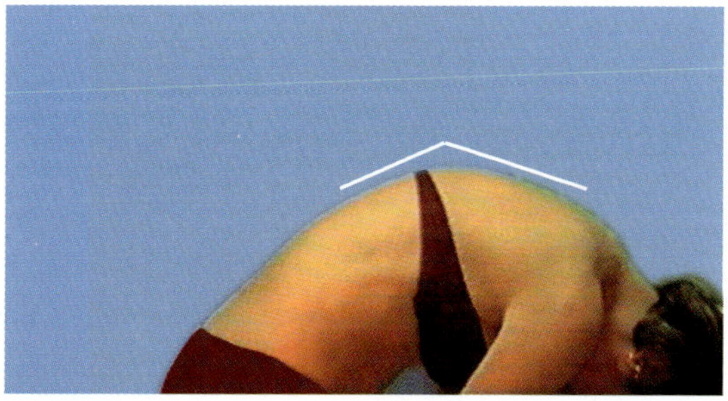

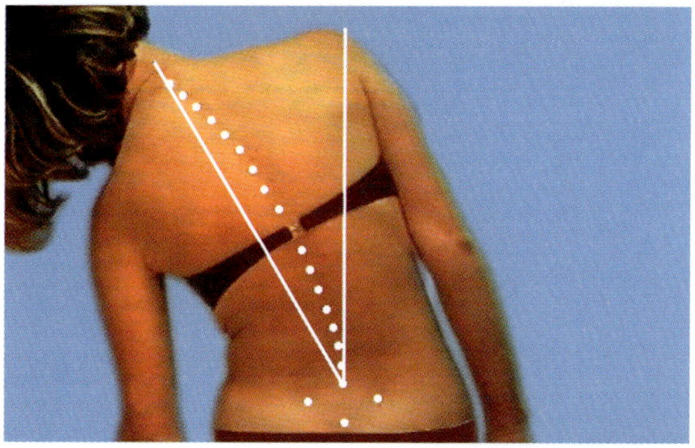

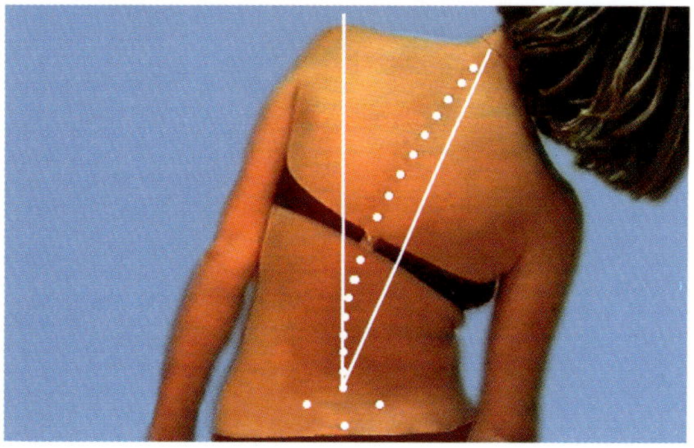

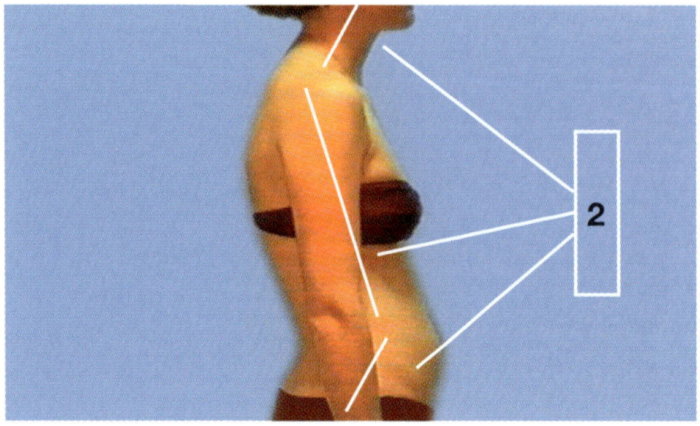

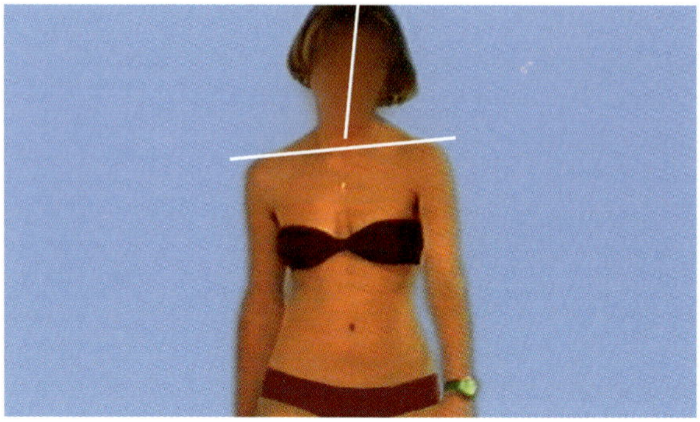

Bereich 2:

- Haltungsabweichungen bei Kopf, Rumpf und Becken
- Schiefstellung des Kopfes (nach links)
- Schiefstellung der Schulterachse beim Gehen

Der Aufbau des individuellen Programmes sieht zwei Arbeitsebenen vor: Funktionsübungen sorgen für die Voraussetzungen zur Haltungsveränderung, Haltungsübungen bringen eine Haltungskorrektur.

Für diesen ersten Arbeitsschritt werden die Übungen ausgewählt und eingeschult (siehe S. 29). Mit diesen Übungen erwarten wir nach ungefähr drei Wochen eine bessere Beweglichkeit der gesamten Wirbelsäule und der Schultergelenke, eine bessere Beweglichkeit des Beckens, eine geradere Haltung der Brustwirbelsäule und eine Kräftigung von Rückenmuskulatur, Schulterblattfixatoren und Bauchmuskulatur.

Im zweiten Arbeitsschritt erfolgt ein Haltungsaufbau vom Fuß (Schrittrollen und Fußuhr) bis zur Beckenstellung, danach die Aufrichtung des Oberkörpers mit einem Flacherwerden der Brustwirbelsäule, Aufrichten des Kopfes mit »langem Nacken« und der Schulterkorrektur. Beckenstellung, Kopf- und Schulterhaltung sollten eine Bewegungseinheit bilden.

Bei täglichem Üben – immer wieder nur wenige Minuten lang – verändert sich die Haltung langsam in Richtung der angestrebten Verbesserung.

Funktionsübungen

- Mobilisieren der Brustwirbelsäule
- Entspannen der Schultermuskulatur
- Dehnen der Brustmuskulatur re>li
- Kräftigen der Schulterblattfixatoren und der Rücken- und Bauchmuskulatur

Haltungsübungen

- Übungen zur Haltungsverbesserung (Fuß – Becken – Brustwirbelsäule – Schulter – Nacken – Kopf)
- Übernahme der korrigierten Haltung in die Bewegung (Gang)

Funktionsverbesserungen

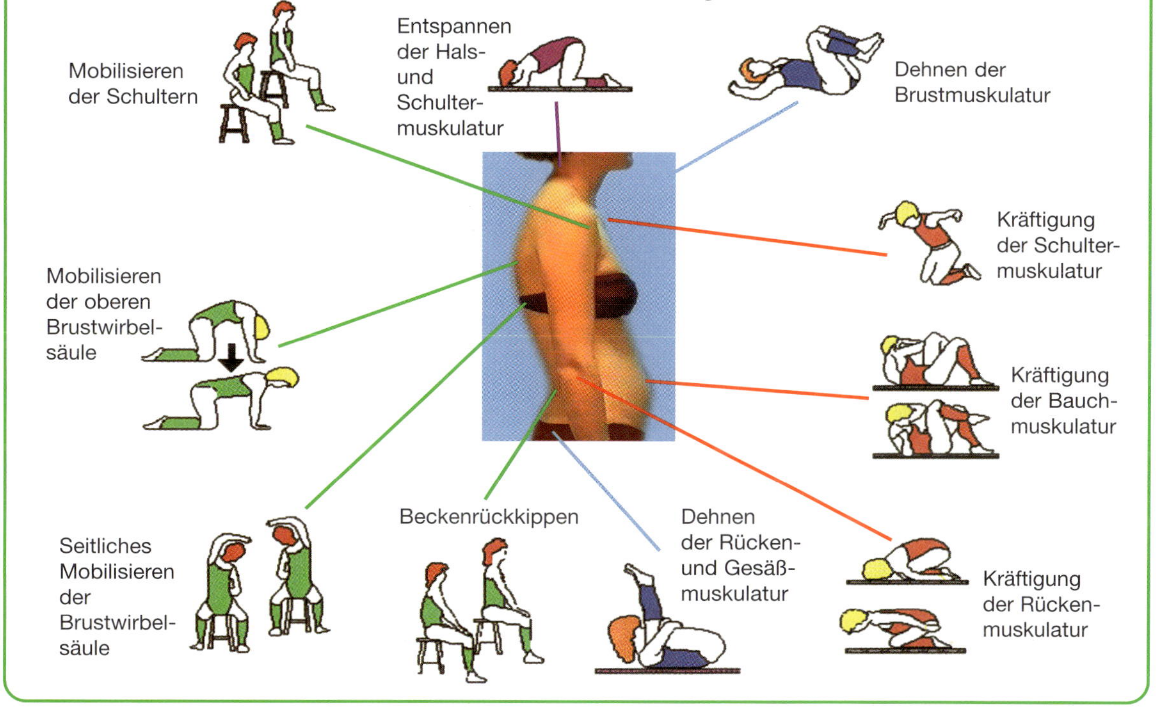

Haltungsaufbau

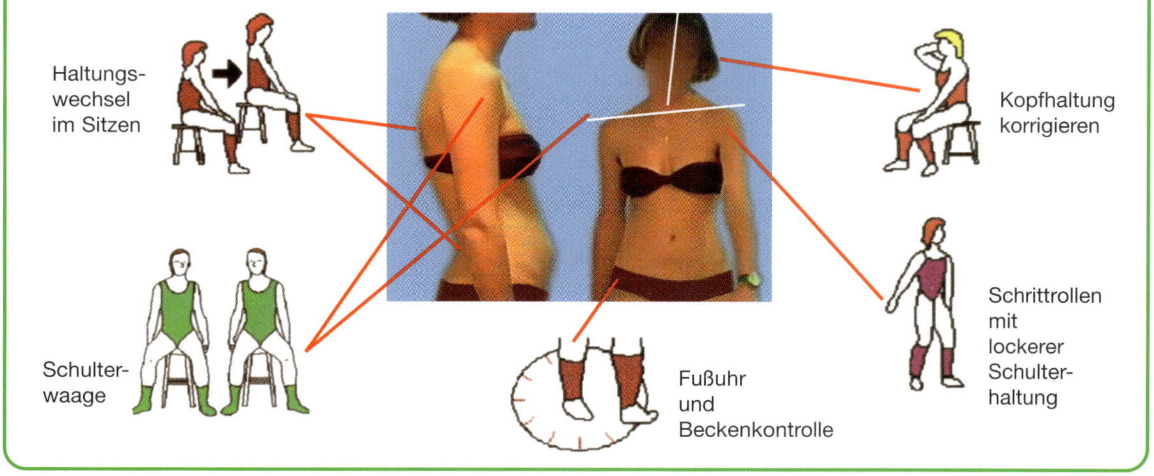

Beispiel (idiopathische) Skoliose

Als Skoliose bezeichnet man eine seitliche Verkrümmung der Wirbelsäule, deren Ursachen nicht immer geklärt sind.

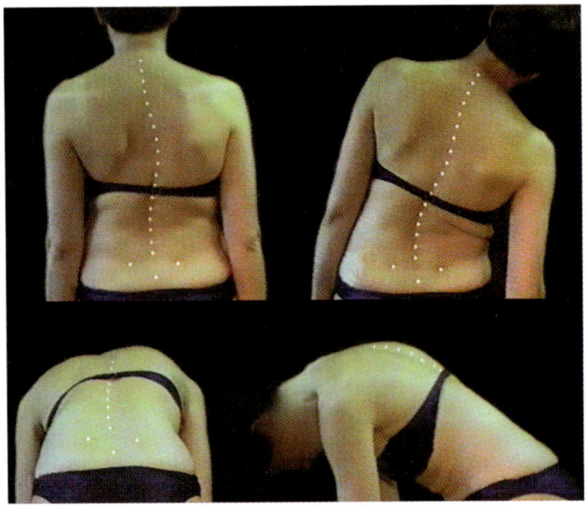

In den Wachstumsphasen kommt es meist zu einer deutlichen Verschlechterung der Skoliose: rasche Zunahme (Progredienz) und Fixierung der seitlichen Krümmung und der Rotation.

Mit Wachstumsabschluss ist die Zunahme der seitlichen Krümmung und Rotation in der Regel nur mehr gering (etwa 1 Grad pro Jahr).

Die Tatsache, dass eine Skoliose nach Wachstumsabschluss weitgehend fixiert ist, bedeutet natürlich, dass besonderes Augenmerk auf die Zeit vor dem 17. /18. Lebensjahr zu richten ist.

Bei Kleinkindern ist die Skoliose selten. Der Hauptanteil der »echten« Skoliose ist mit Beginn der Volksschulzeit (7. bis 8. Lebensjahr) in Ansätzen zu erkennen und wird bei Wachstumsschüben auffälliger.

Je früher also eine Verkrümmung der Wirbelsäule erkannt wird, desto eher kann durch entsprechende Bewegungsmaßnahmen eingegriffen werden – je später die Vorsorge einsetzt, desto geringer sind die Chancen für eine wirkungsvolle Therapie.

Neben der seitlichen Abweichung der Wirbelsäule ist häufig auch eine Drehung der Wirbelsäule um ihre Längsachse festzustellen (Rotationsskoliose).

Durch diese Drehungstendenz der Wirbelsäule (hier in der Brustwirbelsäule nach rechts) entsteht beim Vorbeugen durch ein Mitdrehen der rechten Rippenseite nach oben eine Asymmetrie der Rumpfkontur.

Beim Seitneigen zeigen sich Bewegungseinschränkungen in verschiedenen Wirbelsäulenabschnitten.

Bei der »ausgewachsenen« Skoliose ist die seitliche Krümmung bei markierter Wirbelsäule gut zu erkennen. Die Links-rechts-links-Kurve der Markierungspunkte bleibt in allen Bewegungspositionen bestehen – sie ist bereits fixiert.

Bei asymmetrischen Haltungsproblemen, wie es auch die Skoliose ist, kommt dem individuellen Bewegungsprogramm eine besonders wichtige Bedeutung zu.

Die Arbeitsweise bei skoliotischen Fehlhaltungen sieht einen längerfristigen Bewegungsplan vor: Vom Kraftaufbau über kleinräumige Funktionsschulung und eine Haltungskorrektur bis zu einem rhythmischen Ganzkörper-Gymnastikprogramm.

Bewegungsprogramm für Jugendliche

Bei jugendlichen Skoliosen wird das Bewegungsprogramm in vier Stufen ausgeführt:

- Funktionsübungen
- Haltungskorrektur
- Krafttraining in Korrekturhaltung
- Harmonisierung der Haltung

1. **Funktionsübungen:** Allgemeines Kräftigen der Muskulatur, besonders der Rückenmuskulatur, Mobilisieren gegen seitliche Abweichung und Rotation der Wirbelsäule sowie gegen Bewegungseinschränkungen, Dehnen verkürzter Muskulatur.

2. **Haltungskorrektur:** Verringerung der seitlichen Wirbelsäulenkrümmung durch bewusste Aufrichtung der Wirbelsäule und Derotationsübungen (Opto-Feedback).

3. **Gezieltes Krafttraining** in den korrigierten Haltungspositionen. Dabei wird in der korrigierten Haltung ein verstärktes Muskeltraining durchgeführt: als eine Art Maximalkrafttraining, um die Kraft des langen Rückenstreckers zu erhöhen und seine stabilisierende Funktion zu verbessern und auch um einen Wachstumsreiz auf die Wirbelkörper in der korrigierten Haltung auszulösen. Durch kleinräumige Vor-Rück-Bewegungen und Drehbewegungen wird die gesamte Muskulatur rund um die Wirbelsäule unter erhöhter Belastung (auch heavy hands) trainiert. Eine Aufzeichnung der Übungspositionen mit markierter Wirbelsäule ermöglicht eine genauere Kontrolle der Wirbelsäulenstellung und deren Veränderung bei einzelnen Haltungs- und Bewegungspositionen.

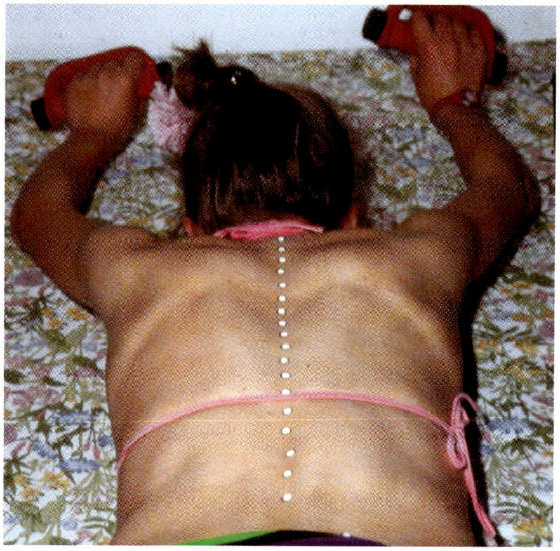

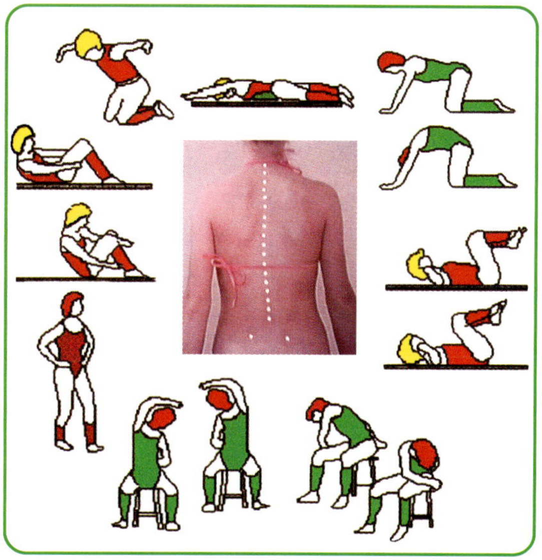

Grundübungen für eine Schülerin mit Skoliose, die individuell und asymmetrisch modifiziert werden.

4. **Harmonisierung der Haltung:** Beibehalten eines natürlichen Bewegungsverhaltens bei gleichzeitiger guter Korrekturhaltung.

Ein wirkungsvolles Bewegungstraining bei jugendlichen Skoliosen muss mindestens sechsmal pro Woche, jeweils eine Stunde pro Tag durchgeführt werden.

Im Normalfall sind Wirbelsäule und die sie umgebende Muskulatur so aufeinander abgestimmt, dass die Muskelstärke für die Aufrechterhaltung ausreicht.

Bei der Skoliose mit ihrer seitlichen Abweichung und der Drehung der Wirbelkörper wird die Statik der Wirbelsäule ungünstiger und die »Wirkungslinien« der symmetrisch angeordneten Muskulatur sind nicht mehr optimal.

Im Fall einer bereits fixierten Skoliose zielt ein Bewegungsprogramm vorerst darauf ab, dass keine Verschlechterung eintritt, sondern dass die bestehende Beweglichkeit erhalten bleibt, das Aufrichten der Wirbelsäule geschult und durch Atemtechnik und Kräftigung der Rückenmuskulatur gesichert wird.

Rückenschaukel

Für diese intensive Trainingsform bei Skoliosen und Skoliosierungen wurden zwei Geräte entwickelt, die sich in der praktischen Arbeit sehr gut bewährten:

Am **Skoliosebaum** kann z. B. durch unterschiedliche Haltepositionen eine bestmögliche Ausgleichshaltung eingestellt werden. Durch Druck oder Zug an den elastischen Ästen wird die Rückenmuskulatur intensiv trainiert.

Die Aktivität der Rückenmuskulatur und die erreichte Korrekturposition sind dabei sowohl für den Therapeuten als auch für den Übenden deutlich erkennbar.

Als weiteres Trainingsgerät wurde eine **Rückenschaukel** gebaut. In einer Drei-Schalen-Lagerung des Körpers kann die Rückenmuskulatur dynamisch trainiert werden. Für das Auslösen und Abbremsen der Schaukelbewegung ist eine aktive Rückenmuskeltätigkeit erforderlich. Durch das ständige »Abbremsen« der Oberkörperbewegung wird eine Vorspannung in der Rückenmuskulatur erreicht, wodurch das Krafttraining bei erhöhter Muskelspannung erfolgt.

Die Einstellbarkeit der Stützschale ermöglicht eine optimale Ausgangslage des Oberkörpers. Da der Oberkörper während des gesamten Trainings gehalten werden muss und die Belastung durch die Schaukelbewegung verstärkt wird, stellt diese Übungsform ein Krafttraining auf hohem Niveau dar.

Was tun bei Haltungsproblemen?

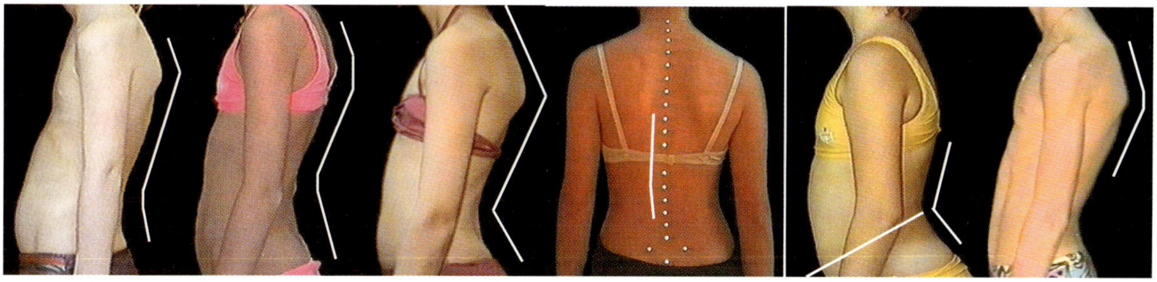

Als Kompromiss zwischen einem individuellen Bewegungsprogramm und einer allgemeinen Funktionsgymnastik bieten **Schwerpunktprogramme** eine Übungsauswahl mit den wichtigsten Übungen gegen die am häufigsten vorkommenden Haltungsfehler an.

Diese Programme sind symmetrisch ausgerichtet (Rechts-links-Symmetrie) und ausgewogen in Hinblick auf das Training der Hauptmuskelgruppen (Arme, Rücken, Schultern, Bauch, Gesäß und Beine).

Die Übungsauswahl beschränkt sich dabei auf jene Übungen, die gegen den definierten Haltungsfehler besonders wirksam sind und verzichtet auf Übungsformen, die bei der jeweiligen Körperhaltung ungünstig sind (z. B. Sit-ups bei Rundrücken).

Für den Unterricht in Schulen oder Gymnastikgruppen werden die Schwerpunktprogramme wie kleine Trainingseinheiten zusammengestellt – Aufwärmen, Mobilisieren, Kräftigen, Dehnen, Koordination, Abkühlen – und zu Musik geturnt.

Dadurch kann ein Vorsorgeprogramm speziell für Jugendliche zeitgemäß und dynamisch gestaltet werden und erweckt nicht schon von vornherein den Eindruck einer therapeutischen Maßnahme.

Beispiele für solche Übungszusammenstellungen sind die folgenden Schwerpunktprogramme:

- Z-Syndrom
- Rundrücken
- Hohlkreuz
- Skoliosierung
- Übergewicht
- Verspannungen
- Koordinationsschwäche

Das Z-Syndrom

Diese starke habituelle Fehlhaltung entsteht durch ein Nachgeben oder Einsinken des Körpers in den drei Bereichen Becken, Oberkörper, Kopf: Im Stehen wird das Becken vorgekippt, der Oberkörper weicht nach hinten aus, der Kopf wird zu weit nach vor gehalten. Es entsteht der Eindruck einer z-förmigen Körperhaltung.

Ursachen dafür sind
- eine muskuläre Haltungsschwäche oder
- eine habituelle Fehlhaltung.

Mit dieser Fehlhaltung wird das Hohlkreuz verstärkt und die Schultern hängen nach vor. Durch das Vorhalten des Kopfes entstehen oft schon bei Schülern massive Verspannungen im Schulter-Nacken-Bereich.

Trotz des Eindrucks eines runden Rückens, der durch die Oberkörperrücklage entsteht, ist eine verstärkte Kyphosierung (Verbiegung nach hinten) der Brustwirbelsäule (Rundrücken) nicht gegeben.

Bei einer entsprechend gut ausgebildeten Muskulatur ist diese Fehlhaltung »nur« haltungsbedingt, kann also durch eine bewusste Haltungskorrektur sofort verändert werden.

Haltungsmerkmal bei Z-Syndrom

- **z-förmige Körperhaltung**

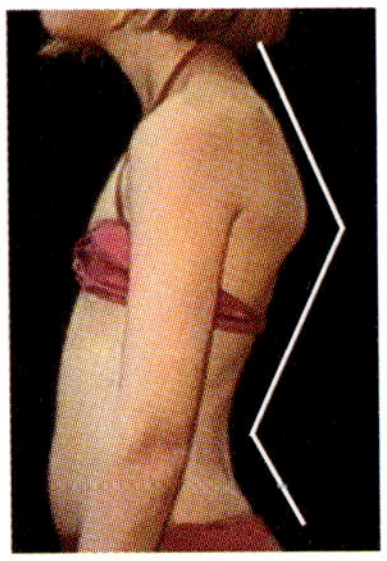

Schwerpunkt Z-Syndrom bei Muskelschwäche

Ist die Muskulatur zu schwach, kann eine Veränderung nur über eine Muskelkräftigung in Verbindung mit einer Haltungskorrektur erreicht werden.
Die Beibehaltung einer solchen Fehlhaltung birgt das Risiko einer Haltungsfixierung in Richtung Hohlrundrücken.

Funktionsübungen

- Entspannen von Schultergürtel/Hals und Rücken
- Mobilisieren der Brustwirbelsäule
- Kräftigen aller Muskelgruppen
- Dehnen der Brustmuskulatur und des Iliopsoas (nur bei Verkürzung)

Haltungsaufbau

- Haltungskorrektur im Sitzen, Stehen, Gehen und in der Arbeitssituation (Beckenrückkippen, Oberkörperaufrichtung, Schulter-Kopf-Korrektur)

Der Rundrücken

Der Rundrücken ist gekennzeichnet durch die verstärkte Kyphosierung (Verbiegung nach hinten) der Brustwirbelsäule. Die Krümmung des Rückens kann eine langbogige oder eine kurzbogige Form aufweisen und in Verbindung mit einer jugendlichen Wachstumsstörung (Morbus Scheuermann: keilförmige Veränderung der Wirbelkörper) stehen.

Zur Kompensation des Rundrückens erfolgt meist eine Verstärkung der Halslordose und eine Verspannung der Muskulatur; teilweise besteht auch eine Verkürzung der Brustmuskulatur. Im Beckenbereich kommt es oft zu einer ebenfalls kompensatorischen Verstärkung des Hohlkreuzes und damit zu einem fließenden Übergang zum Hohlrundrücken.

Die Probleme, die ältere Personen mit einem fixierten Rundrücken haben, betreffen meist starke Verspannungen der gesamten Hals-, Nacken-, Schulter- und Rückenmuskulatur, aus denen vielfach Schmerzen resultieren.

Haltungsmerkmal bei Rundrücken

- **verstärkte Brustkyphose**

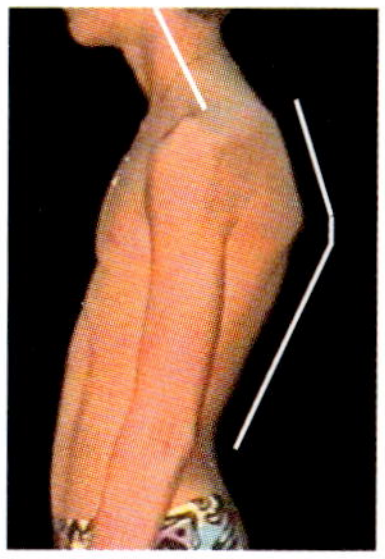

Schwerpunkt Rundrücken

Funktionsübungen

- Entspannung der gesamten Hals-, Nacken-, Schulter- und Rückenmuskulatur
- Mobilisierung der BWS nach ventral (vorne)
- Laterales (seitliches) Mobilisieren der BWS
- Dehnen der Brustmuskulatur
- Mobilisieren des Schultergürtels

Bei Muskelschwäche:

- Kräftigung der Rückenmuskulatur und der Schulterblattfixatoren

Haltungsschulung

- Haltungskorrektur der BWS im Sitzen und Stehen
- Haltungskorrektur der HWS und der Kopfhaltung

Das Hohlkreuz

Die verstärkte Hohlkreuzhaltung ist eine bei Kindern – besonders bei Mädchen – aller Altersstufen häufig anzutreffende habituelle (gewohnheitsmäßige) Fehlhaltung. Bei Kindern im Vor- und Grundschulalter sollte dieses Haltungsmerkmal zwar beobachtet, aber nicht überbewertet werden, da die noch nicht gefestigte Körperhaltung eine große Spielbreite zulässt.

Ausgelöst wird diese Haltung durch ein Vorkippen des Beckens – manchmal in Verbindung mit einem Zurücknehmen des Oberkörpers und Muskelverkürzungen (Oberschenkel-Vorder- und Rückseite, Iliopsoas). Dadurch entsteht die verstärkte Kurvenform der Lendenwirbelsäule – das bekannte Hohlkreuz.

Wird diese Haltung zur Gewohnheitshaltung, können daraus Wirbelsäulenprobleme entstehen, da die ungünstige Stellung der

Schwerpunkt Hohlkreuz Kinder

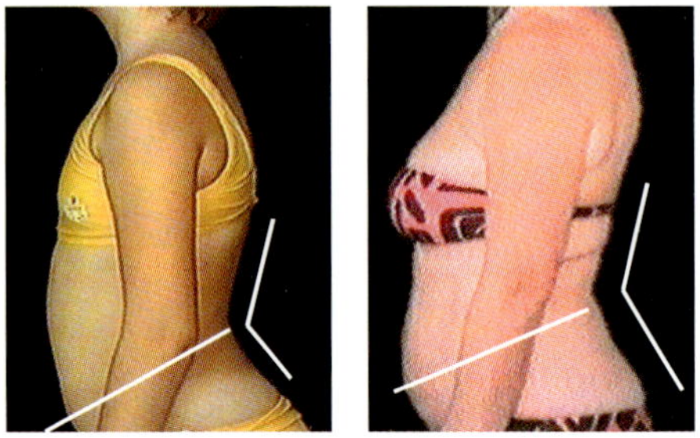

Haltungsmerkmale bei Hohlkreuz

- stark vorgekipptes Becken
- verstärkte Lendenlordose

Lendenwirbel zu einer Überbelastung und damit zu schmerzhaften Reaktionen führen kann.

Bei Kindern sollte vorrangig die Fähigkeit geschult werden, ein extremes Vorkippen des Beckens zu vermeiden bzw. aus dieser Haltung bewusst zurückzukorrigieren (Erlernen des Beckenrückkippens).
Es muss die Bauch- und Rückenmuskulatur gekräftigt werden und über Gleichgewichtsschulung (Rumpfkontrolle) und Kraftausdauertraining eine Haltungsstabilität erreicht werden.

Funktionsübungen bei Kindern

- Kräftigung der Bauch-, Rücken- und Gesäßmuskulatur
- Dehnübungen bei Verkürzungen

Haltungsschulung bei Kindern

- Beckenrückkippen und Stabilisieren
- Haltungskorrektur im Sitzen und Stehen

Bei erwachsenen Personen mit Hohlkreuz finden sich häufig deutliche Verkürzungen der Rücken- und Iliopsoasmuskulatur.

Mögliche Ursachen einer Hohlkreuzhaltung bei Erwachsenen sind z. B.:

- anatomische Anlage (flache Kreuzbeinstellung),
- Muskelschwäche,
- Haltungsvernachlässigung,
- Schwangerschaft,
- Leibesfülle (Bauch).

Funktionsübungen bei Erwachsenen

- Kräftigung der Bauch-, Gesäß- und Rückenmuskulatur
- Entspannen/Dehnen der Rücken- und Oberschenkelmuskulatur
- Dehnen des Lendendarmbeinmuskels (Iliopsoas)
- Mobilisieren der Lendenwirbelsäule

Haltungsschulung bei Erwachsenen

- Beckenkippen im Liegen, Knien, Sitzen, Stehen
- Aktives Stabilisieren der korrigierten Position im Sitzen, Stehen, Gehen
- Integration des erlernten Bewegungsmusters in Alltagsbewegungen und im Sport

Weißt du, wie man stehen soll? Aufrecht, aber nicht kreuzhohl!

Die Skoliosierung

Als Skoliosierung wird eine leichte seitliche Abweichung der Wirbelsäule bezeichnet, deren Ursachen in einer muskulären Schwäche und/oder einer habituellen Fehlhaltung liegen, die aber auch die Vorstufe einer stärkeren Wirbelsäulenverkrümmung sein kann.

Nur ein geringer Prozentsatz der Skoliosierungen entwickelt sich zu einer echten Skoliose.
Anfangs bestehen jedoch keine sicheren Kriterien, um eine (habituelle) Skoliosierung von einer beginnenden (idiopathischen) Skoliose unterscheiden zu können.

Ein bei Schulkindern bereits auffälliger Ausprägungsgrad besteht aber, wenn die Wirbelsäule neben einer seitlichen Abweichung auch eine sichtbare rotatorische Komponente zeigt, auch wenn die Beweglichkeit noch nicht deutlich eingeschränkt ist.

Für die Vorsorge sind die Konsequenzen für alle gleich: So lange nur eine Skoliosierung besteht, genügt ein intensives Schwerpunktprogramm zur Verhinderung einer stärkeren Krümmung oder Fixierung der Skoliosierung.

Bei einer Skoliose wird nach genauer Abklärung (Arzt, Röntgen) ein asymmetrisches individuelles Übungsprogramm zusammengestellt.

Haltungsmerkmale bei Skoliosierung

- **Seitabweichung der Wirbelsäule**
- **Rotationstendenz**
- **Leichte Haltungsasymmetrie**

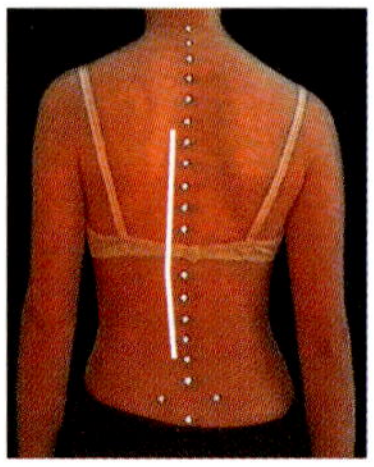

Schwerpunkt Skoliosierung

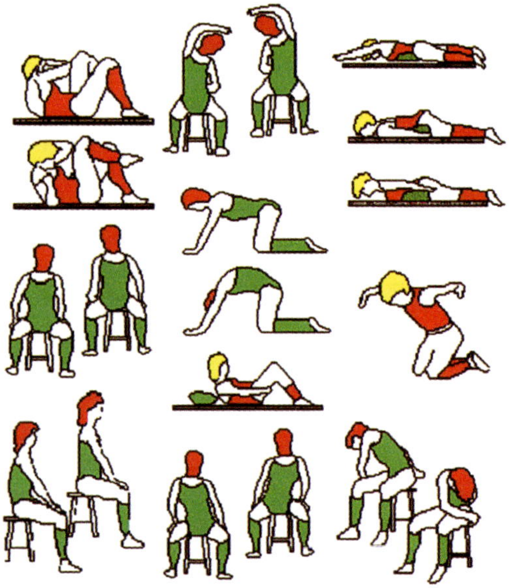

Funktionsübungen

- Rückenkräftigung
- Streckbewegungen
- Mobilisierung der gesamten Wirbelsäule
- Harmonisierung der Bewegung in dynamischen Übungsformen

Haltungsschulung

- Haltungssymmetrisierung

Funktionsübungen

Die Kräftigung der Rückenmuskulatur wird vorwiegend in leicht gerundeter Rückenstellung (gegen die Flachrückentendenz im Bereich der Skoliosierung) und in der Bauchlage mit untergelegtem Polsterkeil zur intensiveren Kräftigung der Rückenstrecker durchgeführt.

In der für die Kräftigung in der Bauchlage eingenommenen X-Large-Position (Strecken von Arm und diagonalem Bein) erfolgt auch eine Korrektur der Wirbelsäulenhaltung.

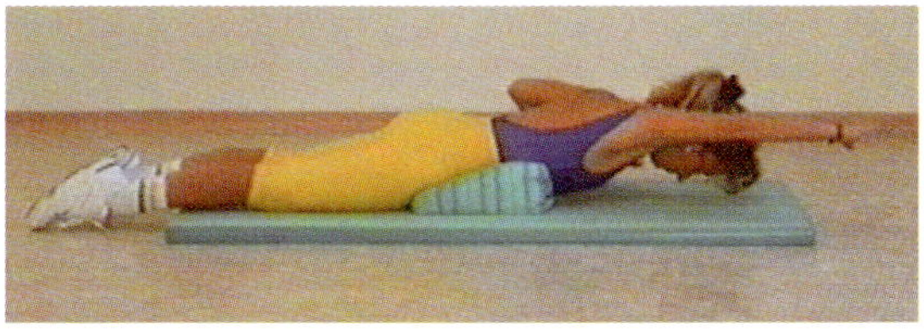

Die Kräftigung der Bauch-, Gesäß-, Arm- und Beinmuskulatur dient dem allgemeinen Kraftaufbau.

Die schrägen Sit-up-Übungen werden außer zur Bauchmuskelkräftigung auch gegen die Abflachung im Skoliosierungsbereich eingesetzt.

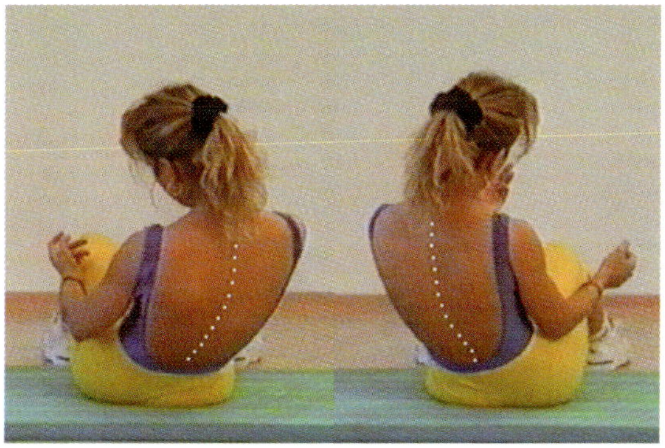

Das laterale Mobilisieren erfolgt etagenweise vom Becken aufwärts bis in die obere Brustwirbelsäule.

Bei Seitbewegungen des Oberkörpers besonders im Bereich der mittleren Brustwirbelsäule wird die Mobilisierung durch gleichzeitige **Atemübungen** unterstützt.

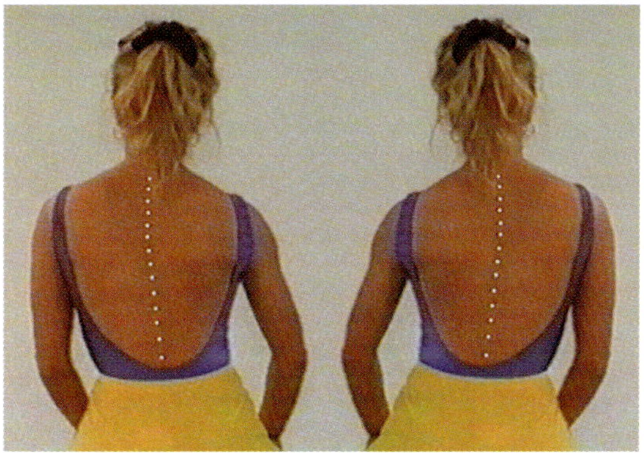

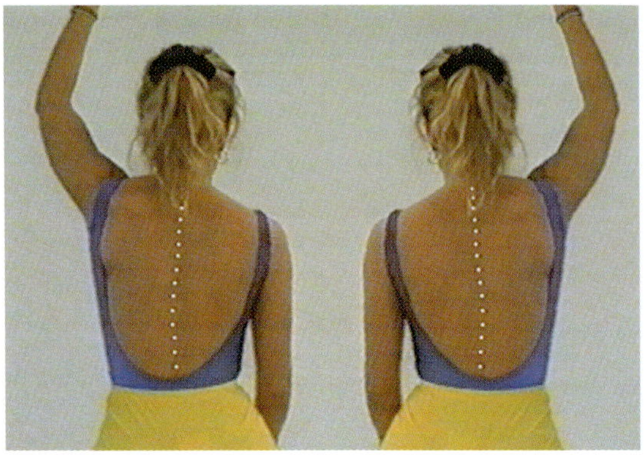

Mit Streckbewegungen der Arme wird die Mobilisierung des Skoliosierungsbereiches verstärkt, wobei darauf zu achten ist, dass das Mobilisieren nicht zu stark in die ohnedies beweglichen Bereiche führt und damit den Skoliosierungskurven folgt, sondern dass eher die schlechter bewegliche Seite trainiert wird, so dass eine möglichst seitengleiche Beweglichkeit der Wirbelsäule erreicht wird.

Die Mobilisierung in der Bankstellung ist vorwiegend gegen die Flachrückentendenz gerichtet.

Vor allem bei korrigierenden Übungsformen, wie sie auch gegen eine Skoliosierung zum Einsatz kommen, sollten zumindest einige schwungvolle Bewegungseinheiten die Ganzkörperdynamik unterstützen.

Auch die Schwungformen können entsprechend der Skoliosierung seitenunterschiedlich ausgeführt werden und so korrigierend wirken.

Verspannungen

Verspannungen am ganzen Körper führen bei vielen Personen dazu, dass sie sich nicht nur ungern bewegen, sondern sich auch aus diesem Zustand nicht mehr selbst entlassen können.

Die Verspannungen, die vorwiegend im Kreuz- und im Schulterbereich auftreten, sind für regelmäßig wiederkehrende Beschwerden verantwortlich, werden jedoch selten als unerträglich schmerzhaft geschildert. Es ist eher der andauernde Spannungszustand, der als Belastung empfunden wird.

Der Auslöser für diese Verspannungsmuster können Hebeverletzungen, Überarbeitung, psychische Probleme oder auch die Kombination verschiedener Ursachen sein.

Das willentlich kaum mehr beeinflussbare Verspannungsmuster hat zur Folge, dass die Muskulatur nicht mehr trainiert wird, die Beweglichkeit abnimmt und die Bewegungsdynamik verloren geht.

Ziel eines Bewegungsprogrammes ist in diesem Fall zunächst die Entspannung der Muskulatur, danach die Mobilisierung aller Gelenke und der Wirbelsäule und die Wiedergewinnung der Bewegungsdynamik.

Was immer zusätzlich einer Verringerung des Spannungszustandes dienlich sein kann – Musik, Lektüre, Massagen, Kuranwendungen, leichte sportliche Aktivitäten – sollte ausprobiert werden.

Haltungsmerkmal bei Verspannungen

- **verspannte Muskulatur**

Funktionsübungen

- Lösen und Lockern der Schulter-, Nacken- und Rückenmuskulatur
- Mobilisieren der gesamten Wirbelsäule und aller Gelenke
- allgemeiner Kraftaufbau
- dynamische Übungsformen

Haltungsschulung

- Wiederholtes bewusstes Lockerlassen des Schultergürtels und häufige Minimalbewegungen (Mini-Motion) in allen Gelenken

Schwerpunkt Verspannungen

Übergewicht

Die Rolle der Bewegung als Kalorienkiller und daher Schlankmacher ist hinlänglich bekannt. Dass konsequentes tägliches Bewegungstraining den Verlust der Mitte mit ziemlicher Sicherheit verhindern kann, weiß man ebenfalls. Die Umsetzung der ernsthaften Trainingsvorsätze gelingt allerdings nur wenigen und das populär gewordene City-Joggen als öffentliche Abhandlung persönlichen Kummers trifft wohl auch nicht jedermanns Geschmack.

Für den Einstieg in ein regelmäßiges Bewegungstraining eine Kombination verschiedener Bewegungsformen:

- Häusliches Gymnastikprogramm zur Musik (zur Schonung der Gelenke je 10 Minuten) – im Liegen, Sitzen und Stehen.
- Täglich eine halbe Stunde flottes Gehen, Rad fahren, schwimmen oder laufen (joggen), je nach Möglichkeit und Vorliebe.
- Einmal wöchentlich ein Ausdauertraining mit Pulskontrolle (gehen, Rad fahren, Gymnastik/Tanz, schwimmen etc.).

Funktionsübungen

- Vermehrte Bewegungsübungen zur Ankurbelung des Aktivitätsniveaus
- Intensive Kräftigungsübungen für den ganzen Körper
- Spezielle Kräftigung der Bauch- und der Rückenmuskulatur

Haltungsschulung

- Haltungsübungen gegen Hohlkreuzstellung
- Allgemeine Haltungsübungen, Fußgymnastik usw.

Bei Übergewicht ist eine Beratung bezüglich richtiger Ernährung notwendig.

Man sollte jedoch nicht die gesamte Gewichtsreduktion von der Ernährungsumstellung allein abhängig machen, sondern auch jedem Betroffenen empfehlen, durch ein vermehrtes Bewegungspensum die Chance zum Abbau der Fettreserven zu nutzen.

Sollte darüber hinaus ein längerfristiges, gezieltes Programm absolviert werden, müssen die **Hauptursachen des Übergewichts** beachtet werden.

Ursachen für Gewichtszunahme

- Die Energieaufnahme ist größer als der Energieverbrauch.
- Das Fett überwiegt die Muskulatur.
- Der Stoffwechsel ist auf Speicherung und nicht auf Verbrennung eingestellt.
- Der Körper ist auf Ruhe und Behäbigkeit statt auf Aktivität programmiert.

Im **Anti-Übergewichts-Programm** wird in einem 5-Punkte-Plan versucht, diese komplexen Muster aufzulösen.

Energiegleichgewicht

In einem ersten Schritt wird der Energieverbrauch der Energieaufnahme angeglichen. Dazu wird der wöchentliche Geh- und Bewegungsumfang auf das Doppelte erhöht. Geh- oder Fahrstrecken mit dem Fahrrad werden schrittweise auf das Doppelte gesteigert.

Energieverbrenner

Dann werden die »Energieverbrenner«, die Muskeln, trainiert. Mindestens 2-mal wöchentlich wird ein ca. 30 Minuten dauerndes Kraftprogramm durchgeführt. Trainiert werden die Bein-, Bauch-, Gesäß-, Rücken- und Armmuskeln.

Das hat 2 Vorteile: Einerseits wird die Muskelmasse erhöht und damit die Möglichkeit gegeben, Energie zu verbrauchen, und andererseits wird die notwendige Kraft aufgebaut.

Stoffwechselförderung

Als 3. Schritt wird der Stoffwechsel aktiviert: Dazu soll mindestens 2-mal pro Woche ein intensives körperliches Training durchgeführt werden. Dauer zwischen 30 und 45 Minuten. Dadurch bleibt der Stoffwechsel länger auf einem erhöhten Niveau und verbraucht Energie.

Belastungsreize

Täglich mehrere kurzfristige Belastungen (Stiegensteigen, Seilspringen usw.) sollen den Stoffwechsel immer wieder aktivieren, um das »Verbrauchsnivau« zu halten.

Fettverbrennung

Ein- bis zweimal wöchentlich wird ein Fettverbrennungstraining durchgeführt, indem eine Bewegungsform – spazieren gehen, Bergwandern, Rad fahren, tanzen usw. – mindestens 45 Minuten lang durchgehalten wird, wobei der Puls kaum über 100 Schläge pro Minute ansteigen sollte.

Beginnend mit dem Programmpunkt Energiegleichgewicht ist für jede Stufe des 5-Punkte-Plans ein Zeitraum von 2 bis 3 Wochen vorgesehen. Dann wird der nächste Programmpunkt dazugenommen.

Für den Fall einer parallel geplanten Ernährungsumstellung sollen zumindest die ersten zwei Schritte des Bewegungsprogrammes durchgeführt werden, ehe ein Diätwechsel vorgenommen wird.

Für Kinder ist das gesamte Programm im Buch **»Schlank ohne Diät für Kinder«,** erschienen im Kneipp-Verlag, ausführlich beschrieben.

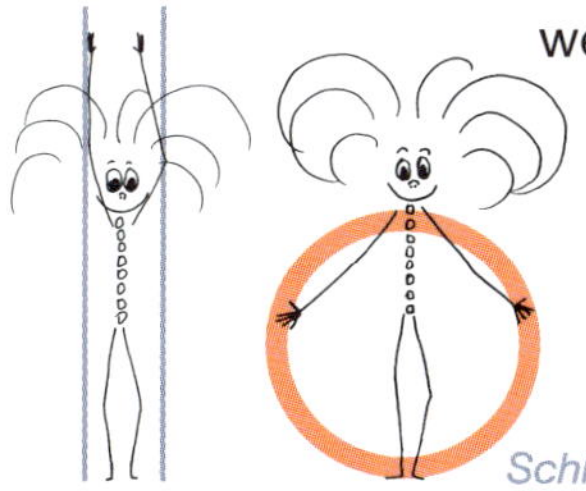

Schlüpfdünn oder kugelrund, nur Bewegung hält gesund!

Koordinationsschwäche

Schwächen in der Bewegungskoordination erkennt man schon bei kleinen Kindern, wenn Bewegungsabläufe der Grundmotorik wie Laufen, Hüpfen, Springen, Klettern, Werfen usw. Schwierigkeiten bereiten.

Die einzige wirkungsvolle Konsequenz ist, diese Bewegungen mit den Kindern zu üben. Koordination wächst bei Kindern auf der Basis der Kommunikation und der Selbstbestätigung. Später wird es mehr eine Frage der Bewegungsqualität und der Bewegungsleistung in Bezug auf sportliche oder handwerkliche Fähigkeiten.

Für Erwachsene zielt eine Koordinationsschulung auf einen harmonischen Gesamtablauf des Bewegungsgeschehens ab.

Wenn man sich in einer Sportart betätigt, bedeutet das noch nicht automatisch, dass man eine gute Koordination besitzt. Bewegungsqualität wird erst dann erreicht, wenn Bewegungen harmonisch ablaufen und dem eigenen Bewegungsrhythmus entsprechen.

Bei Schwerpunktprogrammen werden daher neben dem Erlernen von Koordinationsmustern und neuen Bewegungsformen auch Bewegungsfluss und Bewegungsgestaltung berücksichtigt.

Mit zunehmendem Alter wird die Bewegungskoordination vor allem zur Sicherung des Gleichgewichts, zur Vermeidung von Stürzen und ganz allgemein zu zielsicheren Reaktionen wichtig. Das betrifft sowohl die Grob- als auch die Feinkoordination.

Im Alter erhält die Koordination wieder eine existentielle Rolle, da ein selbständiges und

unfallfreies Sich-Bewegen-Können den sozialen und gesundheitlichen Stellenwert des Lebens mitbestimmt.

Notwendig ist daher primär die Schulung kombinierter Bewegungsabläufe: Schrittkombinationen, Drehen, Alltagsbewegungen wie Aufstehen, Setzen, Bücken, und das Üben »unfallverhütender« Bewegungsreaktionen.

Es ist nicht immer leicht, mit älteren Personen einfache Koordinationsabläufe des Bewegungsalltags zu üben, da sie oft nur adäquate Leistungsanforderungen akzeptieren und scheinbar »zu leichte« Übungen nur ungern ausführen.

Die Gestaltung von Schwerpunktprogrammen zur Koordinationsschulung älterer Menschen muss daher besonders auf bestimmte »Leistungsgruppen« abgestimmt werden, um nicht durch Unterforderung das Selbstwertgefühl der Übenden zu verletzen.

Nie wieder Rückenschmerzen?

Kreuzschmerz und Hexenschuss

Es gibt wohl nur ganz wenige Menschen in den so genannten zivilisierten Ländern der Erde, die noch nie in ihrem Leben Schmerzen in jener Körperregion verspürten, die man so zutreffend als »das Kreuz« bezeichnet.

Unter Kreuzschmerzen werden meist alle Beschwerden subsumiert, die vom Mittelteil des Rückens abwärts lokalisierbar sind.

Das **Kreuz** – nämlich der Übergang von der Lendenwirbelsäule zum Kreuzbein – stellt laut Statistik tatsächlich die häufigste Beschwerdezone bei allen Rückenleiden dar. Vielen Fachartikeln dient der beschwörende Griff an den schmerzenden Körperteil als überzeugendes Symbol der Pein.

Der zweithäufigste Schmerzzustand betrifft den **Nacken-Hals-Bereich** und wird oft als besonders bedrohlich empfunden, da bereits die geringste Kopfbewegung eine schlagartige Schmerzverstärkung in alle Richtungen hin auslösen kann. Das Tragen einer Halsmanschette kann zwar die Gefahr einer Provokationsbewegung abwenden, nicht aber die Lösung der oft immensen Schutzverspannung des Nacken-Schulter-Bereichs bewirken.

Der Bereich der **Brustwirbelsäule** wird nicht ganz so häufig wie die beiden anderen Areale als Schmerzbereich angegeben. Möglicherweise auch aus »topographischen« Fehlzuordnungen, da Beschwerden, die sich bei der klinischen Untersuchung eindeutig noch im BWS-Bereich lokalisieren lassen, vom Patienten selbst oft als Kreuzschmerzen angegeben werden.

Welche Ursache auch immer ein plötzlich auftretender Kreuzschmerz haben mag, die erste heftige Schmerzattacke stellt bei vielen Menschen ein lebensveränderndes Ereignis dar. Sie kann sogar den aktivsten Sportler zumindest für einige Zeit hilflos und bewegungsscheu machen.

Nach einer solchen schmerzhaften Erfahrung kann die Angst vor einer möglichen Wiederholung das Lebensgefühl des Betroffenen ziemlich nachhaltig beeinträchtigen: Man verzichtet sogar auf gewohnte sportliche Aktivitäten oder Freizeitbeschäftigungen, weil man eine neuerliche Provokation vermeiden will.

Die Angst vor einem Wiederauftreten des Schmerzes hat ihren Grund darin, dass vielfach kein offensichtlicher Zusammenhang zwischen dem Auftreten des Schmerzes und einer bestimmbaren auslösenden Verhaltensweise zu erkennen ist.

Daher lebt man in andauernder Furcht vor dem »Einschießen« des Schmerzes, der, wie durch den unheiligen Zauber einer Hexe, bei jeder Bewegung unbewusst ausgelöst werden kann.

Vielleicht ist es eine erleichternde Schuldabgabe an ein mit bösen Mächten ausgestattetes und noch dazu weibliches Wesen, das uns die Ursache unseres Leidens nicht bei uns selbst vermuten lässt.

Ein psychologisch ungünstiges Moment liegt zum anderen vielleicht auch in der **Lage des Schmerzes:** Der Angriff erfolgt auf unserer Rückseite, also einem Teil unseres Körpers, den wir gar nicht im Blickfeld haben, der gefühlsmäßig also immer ungeschützt ist.
Außerdem wird kaum ein anderer Schmerz als so »zentral« empfunden und kann doch so schlecht verborgen werden.

Selbst Personen, die gewohnt sind, Schmerzen zu ertragen und auch einen Ehrgeiz darin sehen, dass die Umwelt ihre Leiden nicht merkt, werden bei Kreuzschmerzen weich. Ist der Reizzustand einmal da, gibt es kein Entkommen: Jede noch so kleine Körperdrehung oder -bewegung rächt sich sofort und lässt selbst stoische Dulder in wilde Zuckungen verfallen. In solchen Fällen ersinnt die fürsorgliche Umgebung erfahrungsgemäß immer neue Hilfsaktionen und Lagerungen, die meist so umständlich wie untauglich sind.

Der Schmerz

Schmerz ist immer eine dringliche Warnung des Körpers, dass etwas nicht in Ordnung ist – und damit auch eine Aufforderung, den Krisenherd zu suchen und die Lage zu entschärfen. In manchen Fällen ist die Aufklärung der Schmerzursache leicht.

Wenn zum Beispiel nach stundenlangem Unkrautjäten der Rücken höllisch weh tut, wird man nach getaner Arbeit von selbst eine Ruheposition suchen, in der die Muskulatur als Ausgleich zu der vorangegangenen Überbelastung wieder entspannt werden kann. Man spürt sofort die Linderung des Schmerzes – der eingeschlagene Weg scheint richtig zu sein. Oft aber ist eine so deutliche Beziehung zwischen Ursache und Auftreten des Schmerzes nicht gegeben. Man wacht etwa mit Schmerzen im Rücken auf, bringt eine schmerzhafte Verspannung einfach nicht weg oder zunächst harmlos scheinende Beschwerden haben sich bereits zu einem manifesten Dauerleiden entwickelt.

Der Moment des Handelns ist gekommen. Die Frage ist: Was kann ich tun?

Erste Schritte zur Selbsthilfe

Zunächst sollten Sie sich darüber klar werden, ob Sie zu jener Gruppe von Menschen zählen, die grundsätzlich bei jeder Art von Schmerz einen Arzt konsultieren und damit die Verantwortung in die Hände eines Fachmannes legen, oder ob Sie sich um die Wiederherstellung Ihres Wohlbefindens primär einmal selbst bemühen wollen. Diese Entscheidung hängt natürlich auch von der Intensität und der Dauer des Schmerzzustandes ab.

Dass keine dieser beiden Positionen kompromisslos eingehalten werden kann und soll, bedarf keiner Begründung – dennoch ist die Ausgangsbasis unterschiedlich und daher mitentscheidend für die Art und den Erfolg des therapeutischen Vorgehens.

Als Vorbereitung für jeden weiteren Schritt ist zunächst einmal eine Art Bestandsaufnahme notwendig. Durch eine genaue Analyse der gegenwärtigen Situation, die verändert werden soll, versucht man, möglichst viele Informationen darüber zu erhalten, wie sie entstanden ist.

Das Schmerzprotokoll

Machen Sie ein Erinnerungsprotokoll über Auftreten, Art und Dauer des Schmerzes sowie aller möglichen Begleitumstände.

Diese Bestandsaufnahme dient nicht nur Ihrer Orientierung, sondern erspart auch bei einem Arztbesuch Zeit und Missverständnisse. Erstursachen für eine akut gewordene Schmerzsituation können weit zurückliegen und zur damaligen Zeit nicht als dramatisch empfunden worden sein. Auslösend ist oft eine harmlose Alltagsbewegung.

Sie haben z. B. zu einem ganz bestimmten Zeitpunkt eine Tätigkeit, z. B. das Herausheben einer Bierkiste aus dem Kofferraum Ihres Autos, ausgeführt und plötzlich einen deutlichen Schmerz im Kreuz verspürt. Dieser Schmerz wurde mit großer Wahrscheinlichkeit durch eine Fehl- oder Überbelastung der Lendenwirbelsäule hervorgerufen und wird als **Hebetrauma** bezeichnet. Ein solches Ereignis kann Erstursache für ständig wiederkehrende Schmerzzustände sein.

Schmerzprotokoll

Schmerzanalyse

Alter – Beruf – Sportliche Aktivitäten

Beschwerden

1 **Ort des Schmerzes**
HWS – BWS – LWS

2 **Schmerzcharakter**
stechend – brennend – dumpf
pochend – ziehend
punktuell – flächig
nicht lokalisierbar

3 **Auftreten**
akut – wiederholt – chronisch
ständig – auf Druck auslösbar

4 **Wann?**
morgens – abends – nachts
Wie lange?
Stunden – Tage – Wochen

5 **Bei welchen Tätigkeiten?**
Liegen – Sitzen – Stehen – Gehen
Bücken – Tragen – Heben – Drehen
im Auto – zu Hause

6 **Durch Bewegung**
besser – schlechter

7 **Bisherige Maßnahmen**
Arzt – Medikamente – Therapien – Kur – Hausmittel – anderes

8 **Andere Beschwerden**

9 **Derzeit in ärztlicher Behandlung wegen**

Provokationsbewegungen

Oft sind es auch nur einfache Bewegungen wie das Zubinden von Schuhbändern, die sich als schmerzauslösende Provokationsbewegungen erweisen.

Ein hoher Prozentsatz aller akut auftretenden Kreuzschmerzen entsteht bei Hebevorgängen oder bei Bewegungen, die sich aus einer Kombination von Drehen und Beugen zusammensetzen, da sie eine erhebliche Belastung der Wirbelsäule darstellen.

Kommt es darüber hinaus zu einer Kombination von Beuge-, Hebe- und Drehbewegung – z. B. bei der geschilderten Situation oder beim Schneeschaufeln – wird die Wirbelsäule nicht nur extrem hoch – bis zum Vielfachen (!) des Gesamtkörpergewichts –, sondern auch in einer höchst ungünstigen Position belastet: Es kommt dabei zu einer Randbelastung der Wirbelkörper, was einen erhöhten Druck auf die Bandscheibe zur Folge hat. Das Ergebnis: ein stechender Schmerz im Kreuz.

Dauerschmerz

Nicht so einfach ist die Schmerzanalyse bei anhaltenden, unregelmäßig wiederkehrenden oder diffusen Beschwerden, die primär kein direkt auslösendes Ereignis vermuten lassen oder die den Schmerzcharakter laufend verändern.

Deshalb ist es gerade hier besonders wichtig, mögliche Zusatzbedingungen in Erfahrung zu bringen, die schmerzauslösend oder schmerzverstärkend wirken können.

Oft ist es auch nur die Häufung von an sich undramatischen misslichen Begleitumständen, die letztlich zu einer massiven Schmerzattacke führt.

In diesem Fall kann die geringste Überbelastung den berühmten Tropfen ausmachen, der das Maß zum Überlaufen bringt.

Ungünstige Arbeitshaltungen im Beruf in Verbindung mit einseitigen sportlichen Betätigungen und vielleicht noch dem Freizeithobby vieler Österreicher, der Errichtung eines Eigenheims in Selbstbauweise, sind in der Kombination von nicht zu unterschätzender Wirksamkeit.
Die Verbindung von Dauerbelastung und immer wieder eintretenden Über- oder Fehlbelastungen löst – meist in der Lendenwirbelsäule – deutliche Warnsignale in der Gefahrenzone aus.

Bei Menschen, die nicht gleich bei jedem Muskelkater das Gefühl eines unerträglich leidvollen Zustandes aufkommen lassen, ist andererseits die Gefahr gegeben, dass sie die ersten Hilferufe des Körpers überhören und erst bei bereits deutlichen Beschwerden den Ernst der Lage erkennen.

Muskelverspannungen

Neben den primären Schmerzursachen, die sich von direkten Einwirkungen auf die Wirbelsäule ableiten lassen, können auch ständig aktive Muskelverspannungen in nicht unmittelbar der Wirbelsäule benachbarten Körperregionen kompensatorische Fehlhaltungen und damit Schmerzen im Bereich der Wirbelsäule auslösen.

Verspannt zu sein gehört bereits zum stehenden Vokabular unserer Gesellschaft – und trifft in den meisten Fällen auch für mehr als nur den muskulären Zustand zu.
Von dem Versuch, Menschen aus einem oft als schicksalhaft empfundenen Zustand des Eingeengtseins zu befreien, leben ganze Heerscharen von »Er-Lösern«.

Selbst wenn man den meisten Formen der Einflussnahme auf andere kritisch gegenübersteht, Tatsache ist, dass das Bedürfnis der meisten Menschen nach einer »Lösung« ihrer Verspannungen so zwingend ist, dass die Inanspruchnahme aller nur möglichen Hilfen gerechtfertigt erscheint.

Betrachtet man die negativen Auswirkungen solcher Verspannungen, die über Haltungsveränderungen und Asymmetrien bis hin zu extremen Muskelverkürzungen und Reizzuständen führen können, ist ein möglicher Zusammenhang mit Schmerzzuständen rund um die Wirbelsäule durchaus nachvollziehbar.

Um das zu vermeiden, sollten Muskelverspannungen, die längere Zeit andauern, nicht als gegeben hingenommen werden, sondern über leichte Bewegungs- und Entspannungsübungen wieder abgebaut werden.

Was tun bei Verspannungen?

Selbsthilfe:
Ruhe – Mobilisieren – Entspannen

1. Ruhelage:
- Schonposition
- passives Lockerlassen
- Körpergefühl schulen
- Anspannen – Entspannen
- aktives Lockerlassen
- vorsichtiges Mobilisieren und bewusstes Entspannen

2. Bewegen:
- Dehnpositionen einnehmen
- Mobilisieren

3. Entspannen:
- Entspannungsposition finden
- individuelle Entspannungspositionen – so oft es geht – einnehmen
- Entspannungsübungen
- Einschlafregeln beachten

4. Zusätzliche externe Hilfen:
- Bäder, Thermalwasser
- Heilmassagen
- Einreibungen/Wickel

5. Arzt/Apotheke:
- Relaxantien – Schmerzmittel

Wer bekommt Rückenschmerzen?

Jedermann

Grundsätzlich ist niemand gefeit gegen Rückenschmerzen, die aufgrund eines überraschenden traumatischen Ereignisses auftreten.

Das kann ein Unfall sein, eine Hebeaktion, eine Dreh-Beuge-Bewegung beim Schneeschaufeln oder auch nur eine unglückliche Bewegung während einer (sportlichen) Tätigkeit. Auslösend sind oft Verkühlungen, rheumatische Attacken oder Wetterumschwünge.

Im Allgemeinen ist aber nicht die Situation selbst die alleinige Schmerzursache, sondern es sind bereits Vorschädigungen vorhanden, denen vielleicht zu wenig Bedeutung beigemessen wurde.

Ältere Menschen

Gewisse Abnützungserscheinungen an den Wirbelbogengelenken sind altersbedingt. Es ist dies eine Art Materialermüdung, der mit einer Rücknahme an Belastung Rechnung getragen werden muss.

Bei älteren Menschen ist die Qualität des Bandscheibengewebes gemindert, die Bandscheibe funktioniert daher nicht mehr so gut als Dämpfung. Es kommt zur Überbelastung der kleinen Wirbelgelenke und dadurch zu Schmerzen – vorwiegend im Kreuz.

Häufig eingenommene Entlastungspositionen und moderate Mobilisierungsübungen bringen Erleichterung.

Beruflich einseitig oder ungünstig belastete Personen

Einseitige oder Dauerbelastungen, Überbelastungen sowie Zwangshaltungen der Wirbelsäule im Beruf oder in einer Arbeitssituation führen zu degenerativen Verschleißprozessen – vorwiegend in der Lenden- und in der Halswirbelsäule.

In vielen Berufen, z. B. Friseur, Zahnarzt, Automechaniker, Maler und Anstreicher, Croupier, Dirigent, Musiker, Kameramann, Sekretärin, Kellner, Schneider, ist die Arbeitshaltung von vornherein ungünstig und erfordert häufige asymmetrische oder ungünstige Belastungspositionen.

Herrmann: Alexander Zemlinsky

Nie wieder Rückenschmerzen?

So überwältigend die Vorstellung ist, die persönliche Pein, die man einmal durchgemacht hat, nie wieder erleiden zu müssen, so unrealistisch ist es daran zu glauben.

Für den Rückenschmerz ist es geradezu typisch, dass er sich immer wieder in Erinnerung ruft, auch wenn die Heftigkeit der Attacken unterschiedlich stark ist und man gelernt hat rechtzeitig zu reagieren.

Rückenprogramme mit dem viel versprechenden Titel (siehe oben), allerdings statt des Fragezeichens mit einem überzeugenden Rufzeichen, sind nur für den Anbieter erfolgreich.

Auch der vorsichtigste Mensch, bestens trainiert und geschult, kann das Missgeschick eines Hexenschusses oder eines plötzlich schmerzenden Kreuzes nicht von sich abwenden.

Aber jeder kann versuchen, alles zu vermeiden, was erwiesenermaßen oder erfahrungsgemäß zu Schmerzen führen kann, und, wenn der Schmerz einmal da ist, alles tun, um ihn so schnell wie möglich wieder loszuwerden. Hat man sich eine derartige Strategie erarbeitet, kann man mit dem Problem Kreuzschmerz besser umgehen und tauscht das trügerische »Nie wieder Rückenschmerzen!« gegen den Schlachtruf

KEINE ANGST VOR RÜCKENSCHMERZEN!

Schonen – schützen – sanft bewegen

Das erste Ziel während oder nach einer Schmerzattacke ist eine – wenn auch nur kurzfristige – Unterbrechung des Schmerzes.

Die Schonposition

Eine Möglichkeit, den Schmerz zu verringern oder aussetzen zu lassen, ist es, den Körper in eine Position zu bringen, in der eine Schmerzverringerung oder sogar Schmerzfreiheit auftritt und daher keine muskuläre Schutzverspannung nötig ist.

Wir verwenden mit dem Wirbelsäulen-Set eine flexible Polsterlagerung, die individuell eingestellt wird und in der eine entspannte Liegeposition eingenommen werden kann. Bei Schmerzen im Lendenbereich werden

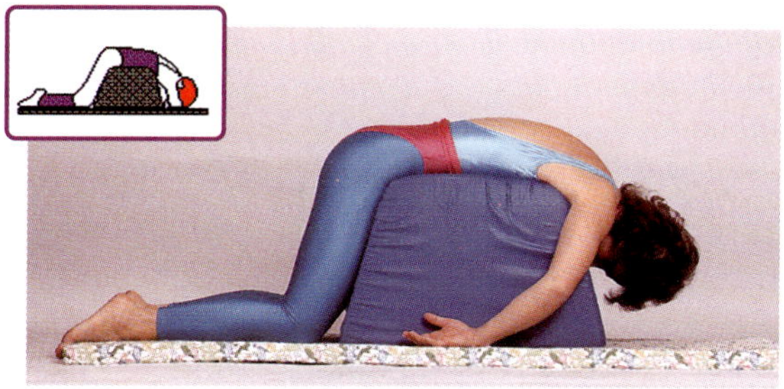

die Beine nach Möglichkeit hochgelagert, die Wirbelsäule liegt entweder flach auf oder ist durch einen Keilpolster unterstützt.

Verschiedene Lagerungen dienen dazu, für den akuten Schmerzzustand jene Positionen zu finden, in denen ein schmerzfreies Entspannen möglich ist.

Bei schmerzhaften Verspannungen im Hals-Nacken-Bereich erzielt man oft mit dem »Aushängen über dem Würfel« eine sofortige Schmerzlinderung.

Das Wirbelsäulen-Set, angepasst an die Körpergröße, bietet eine Möglichkeit, zumindest kurzfristig eine schmerzfreie Position einzunehmen, in der sowohl passive als auch aktive Entspannungsübungen absolviert werden können.

Schutzmaßnahmen

Schutzmaßnahmen dienen zur Vermeidung von schmerzauslösenden Bewegungen. Durch die Verwendung einfacher Hilfsmittel können oft genau jene Über- oder Fehlbelastungen vermieden werden, die zur Schmerzauslösung führen. Die einfachste und zugleich schwierigste Vorsichtsmaßnahme ist das bewusste Vermeiden von kritischen Situationen bzw. das Akzeptieren von einfachen Hilfsmitteln zum Schutz der gefährdeten Areale:

Rücken-Schutzhelfer

- Bauchgurt (Schutz der Lendenwirbelsäule)
- Halskrawatte (Schutz der HWS)
- Gehstock (Schutz der LWS und der Hüft- und Kniegelenke)

Wichtigste Maßnahme ist jedoch das Erlernen der individuellen Schutzhaltung, d. h. einer Haltungsvariante, in der möglichst kein Schmerz auftritt.

Schutzhaltungen im Sitzen und im Stehen

Dabei gehen wir von der Annahme aus, dass der Schmerz infolge von Bandscheibenproblemen, Wurzelirritationen, Schmerzen in den Wirbelbogengelenken oder bei muskulär ausgelösten Schmerzen durch die Wirbelsäulenstellung mitbestimmt wird.

In diesem Fall kann durch eine Veränderung der Wirbelsäulenhaltung auch eine Veränderung des Schmerzes herbeigeführt werden.

Eine Vor-Rück-Bewegung des Beckens in der Lendenwirbelsäule kann – bei einem Gesamtspielraum von 50 bis 60 Grad – zwischen den angrenzenden Wirbeln eine Winkelveränderung von durchschnittlich 10 Grad bewirken.

Im Sitzen werden langsame Vor-Rück-Kippbewegungen des Beckens ausgeführt, bis eine Wirbelsäulenstellung gefunden wird, in der der Schmerz deutlich geringer ist oder überhaupt aufhört.

In den meisten Fällen sind die Extrempositionen – also stark vorgekipptes (Hohlkreuz) und stark rückgekipptes Becken (Lendenkyphose) sofort schmerzauslösend oder schmerzverstärkend.

In dem Bereich dazwischen sollte die individuell günstigste Position gefunden werden. Ein wiederholtes Einnehmen und geringfügiges Verändern dieser Körperhaltung durch leichtes Mobilisieren kann die schmerzfreien oder -armen Zeiträume zunehmend vergrößern.

Wenn die optimale Position gefunden wurde, wird versucht, durch geringe Bauchmuskelanspannung diese Position zu stabilisieren. Wenn auch das gelingt, ist eine Schutzposition für die Lendenwirbelsäule erreicht, die für Positionsveränderungen wie Aufstehen, Niedersetzen, langsames Gehen usw. eingenommen werden soll.

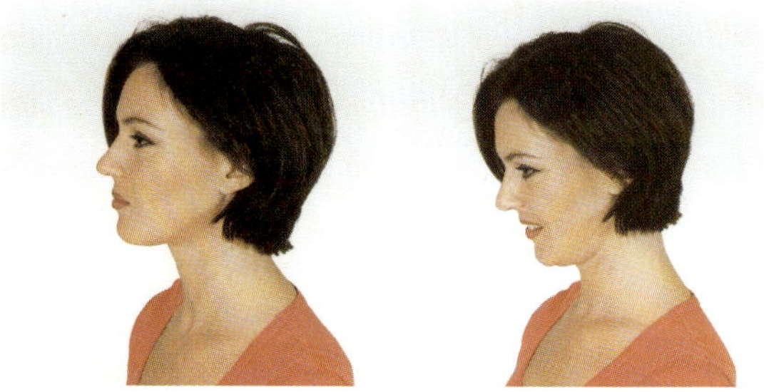

Dieselbe Übung erfolgt im Stehen: Die Hände werden in den Hüften aufgestützt und kontrollieren die Beckenbewegung. Die Knie dürfen dabei nicht gestreckt sein.

Kann diese Schutzposition für die Lendenwirbelsäule auch im Stehen eingenommen werden, ermöglicht sie eine »geschmeidige« Grundhaltung mit gering gebeugten Knien und nicht verspannten Hüften.

Diese Auslotung der individuell günstigsten Neutralposition geschieht auch für den Bereich der Halswirbelsäule.

Auch hier kann man versuchen, den typischen Schmerzhaltungen – angehobene Schultern, verspannte Hals-, Nacken- und Schultermuskulatur – bzw. der schmerzhaften Streckhaltung zu entkommen und eine Position mit geringerer Muskelspannung zu finden. Oft genügt schon ein leichtes Senken des Kopfes oder ein sanftes Hochziehen des Kopfes, um eine Entspannung zu erreichen.

Stärker noch als bei der Lendenwirbelsäule handelt es sich bei der Halswirbelsäule um »Millimeter-Arbeit«. Die Bewegungen müssen kleinräumig, langsam und vorsichtig ausgeführt werden – die jeweils neue Position soll 4 bis 5 Sekunden gehalten werden, dann wird die nächste Position ausprobiert.

Wenn es das erste Mal gelingt, durch diese »Uhrmacherbewegungen« (klein und fein) einen ankommenden Schmerz zu unterbrechen, dann ist meist der erste Schritt zur Schmerzvermeidung gelungen.

Mini-Motion

Der circulus vitiosus – Schmerz führt zur Verspannung der Muskulatur – diese Verspannung löst ihrerseits wiederum Schmerzen aus – muss in irgendeiner Form unterbrochen werden. Sofort hilfreich können minimale Bewegungen des Beckens, der Schultern, der Hals- und Lendenwirbelsäule sein, die wir als Mini-Motion-Übungen bezeichnen. Dadurch können beginnende oder bereits vorhandene Muskelverspannungen gelöst werden.

Mini-Motion für die Lendenwirbelsäule

- Zuerst im Stehen den Belastungswechsel von einer Seite zur anderen mit lockerer Seitkippbewegung des Beckens ausführen.

- Nach 2 – 3 Minuten Becken und Lendenwirbelsäule locker lassen und leicht mitbewegen. Wenn Lendenwirbelsäule und Becken ohne Verspannungen bewegt werden können, sollte dieser Bewegungsablauf in leichten Gehschritten umgesetzt werden.
- Pendelbewegungen der Arme sollten mit einer leichten Rotationsbewegung um die Körperlängsachse erfolgen, zuerst im beidbeinigen Stand, danach im langsamen Gehen.

Ziel dieser Bewegungen ist einerseits die Aktivierung der gesamten Bein-Becken-Rücken-Muskulatur, das »Freigeben« der Wirbelsäule und des Beckens für eine weiche Gesamtbewegung und die Rückkehr zur normalen, nicht verspannten oder blockierten Bewegung.

Mini-Motion für die Halswirbelsäule

In ähnlicher Form kann das Lösungsprogramm für die Halswirbelsäule ablaufen. Oberstes Gebot für Bewegungen in diesem Bereich ist ein sanftes Vorgehen – jede ruckartige, schnelle oder zu starke Bewegung ist absolut zu vermeiden!

Langsame, leicht mobilisierende Kopfbewegungen in jeweils nur einer Bewegungsebene finden nicht bis zur Maximalposition (kein Ziehen!), sondern nur im mittleren Bereich statt.

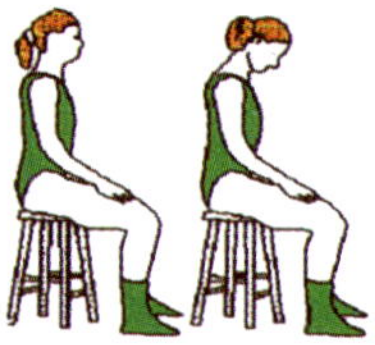

Kopf hängen lassen und wieder aufrichten

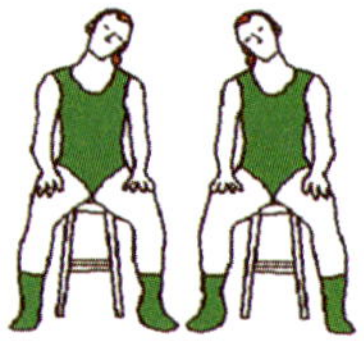

Balance: Kopf seitlich hängen lassen (ohne zu ziehen!)

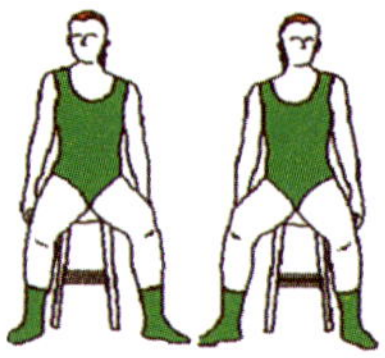

Schulterwaage: Lockeres Hängenlassen der Schultern (abwechselnd rechts und links),

anschließend leichtes Schulterkreisen

Die Bewegungen werden in einem sanften Rhythmus ausgeführt, der zur Auflockerung des ganzen Körpers führt. Auf diese Weise wird die Muskulatur gleichzeitig entspannt, erwärmt und aktiviert.

Die Mini-Motion-Übungen sollten ungefähr 20 Minuten lang durchgeführt werden. So lange dauert es, bis die Muskulatur durchwärmt ist und eine Schmerzerleichterung eintreten kann, die eine Lösung des Spannungsgefühls zulässt und wieder freiere Bewegungen erlaubt.

Dieselbe Vorgangsweise empfiehlt sich auch in der Nacht, wenn man mit Schmerzen aufwacht und nicht mehr einschlafen kann. Auch in einer guten Einschlafposition können Schmerzen auftreten, da schon allein das Einnehmen einer gleich bleibenden Position über längere Zeit hindurch zu schmerzhaften Reaktionen führen kann.

Außerdem ist die Schmerzempfindlichkeit während der Nacht größer als am Tag. Eine Unterbrechung dieser nächtlichen Schmerzempfindlichkeit ist daher auf jeden Fall zu versuchen.

Der bisher beschriebene erste Übungsteil Schon-Schutz und Mini-Motion sollte so lange beibehalten werden, bis die akuten Schmerzen abgeklungen sind.

Bei Verschlechterung der Situation, z. B. bei motorischen (Gangprobleme) oder sensorischen Ausfällen (kein Gefühl in der Haut) oder bei Schmerzverstärkung, müssen medikamentöse oder schmerztherapeutische Maßnahmen durch den Arzt eingeleitet werden.

In den meisten Fällen wird die Situation aber durch Ruhe, leichte Bewegung und die Beachtung der Schon- und Schutzmaßnahmen langsam besser – die Selbstheilungskraft des Körpers zeigt Wirkung.

Ab diesem Zeitpunkt kann mit der nächsten Übungseinheit begonnen werden:

Leichte Funktionsgymnastik

Im zweiten Arbeitsabschnitt wird die Beweglichkeit der Wirbelsäule verbessert und die Muskulatur stärker aktiviert. Muskuläre Verspannungen sollten verschwinden und ein insgesamt freies und aktives Körpergefühl sollte sich einstellen.

Aufwärmen

Vor jeder Bewegungsserie sollte aufgewärmt werden: Dazu eignen sich die Mini-Motion-Varianten des lockeren Gehens und einfache Schrittkombinationen, eventuell leichte Laufschritte.
Danach sollten Beine, Rumpf, Schultern und Arme entsprechend aufgewärmt sein.

Entspannen und sanftes Dehnen

Bei immer wieder auftretenden Beschwerden in der Lendenwirbelsäule bringt die »Eiposition« oft sofortige Erleichterung und sollte auch vorbeugend täglich mehrere Minuten lang eingenommen werden.
Die Hände können auf oder unter den leicht geöffneten Knien positioniert werden, die Schultern sollten locker bleiben. Ein keilförmiger Polster unter dem Gesäß bringt oft zusätzliche Erleichterung.

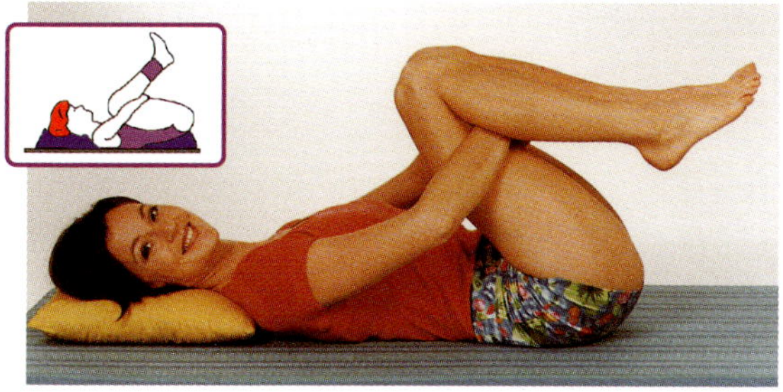

Als nächstes können durch sanften Druck oder Zug der Hände die Oberschenkel sanft in Richtung Körper bewegt werden. Dadurch »öffnet« sich das Kreuz und wird entlastet. Der leichte Zug an der Rückenmuskulatur und den Gesäßmuskeln muss so dosiert erfolgen, dass er als angenehm empfunden wird.

Noch in der Rückenlage können auf ebenso sanfte Weise auch andere Muskelgruppen einer Dehnlagerung oder einem vorsichtigen Dehnen unterzogen werden, vorausgesetzt, es tritt kein Schmerz auf:

Iliopsoasdehnung

Brustmuskeldehnung, Entspannung der Nackenmuskulatur

Adduktorendehnung, Entspannung der Nackenmuskulatur

Dehnübungen in der Bauchlage können bei Beschwerden in der Wirbelsäule zu ungünstigen Positionen führen und sollten daher zugunsten anderer Dehnpositionen vorerst aufgegeben werden.

Dehnübungen bei stark verkürzter Muskulatur müssen bei Wirbelsäulenbeschwerden ohnedies äußerst behutsam ausgeführt werden, da besonders beim Dehnen großer Gelenke auch in der Wirbelsäule ein schmerzhafter Zug oder Druck entstehen kann.

Schonendes Kräftigen

Die ersten Kräftigungsübungen können in der Schonposition und dann eventuell auf einem Sessel durchgeführt werden.

Wiederholtes Beckenkippen mit Bauchmuskel- und Gesäßmuskelaktivierung

Leichtes Abheben von Kopf und Schultern (Bauchmuskelaktivierung)

Im Sitzen abwechselnd ein Bein (gebeugtes Knie etwas anheben – die Bauchmuskeln spüren – wieder senken

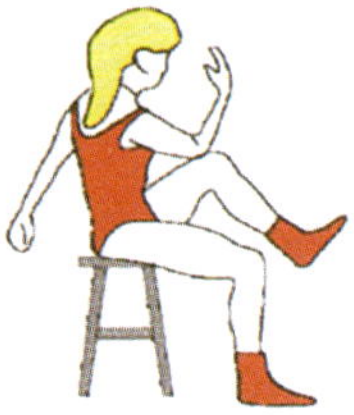

Bein anheben und das gebeugte Knie mit dem gegenüberliegenden Ellbogen berühren

Leichtes Hoch-Tief-Gehen in aufgestützter Hocke (Beinkraft), Standbeinwechsel: Rückentraining

Schonendes Mobilisieren

In der Schonposition oder im Liegen auf einer weichen Unterlage werden zunächst die großen Gelenke bewegt.

- Abwechselndes Heranziehen und Abstellen eines gebeugten Beines
- Leichtes »Radeln«
  Beide Übungen mit unterstützter Lendenwirbelsäule (durch Hände, Keil oder kleinen Polster) bieten die notwendige Bewegung, ohne die Gelenke zu belasten.

  Beim »Radeln« sollte die Bewegung nach oben erfolgen (Oberschenkel senkrecht), so dass die Beine keine Hebelwirkung auf die Lendenwirbelsäule ausüben.

Mobilisieren der ganzen Wirbelsäule in der Bankstellung

Geringe Vor-Rück-Bewegungen zur Mobilisierung der Wirbelsäule im Sitzen

Abwechselndes seitliches Vor-Hoch-Nehmen der Arme in Kombination mit Seitbewegungen der Wirbelsäule

Rotatorische Beugebewegung über das diagonale Knie

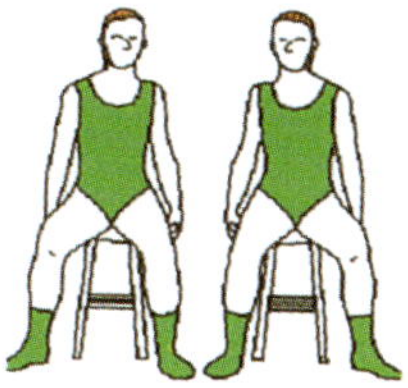

Schulterkreisen und Schulterwaage zur Mobilisierung des Schultergürtels

»Kopfrollen« in den aufgestützten Händen zur Mobilisierung und Entspannung der Nacken- und Halsmuskulatur

Schwingen und Lösen

Den Abschluss bilden rhythmische Schwungbewegungen (dynamisches Lösen und Entspannen) am besten mit Musik!

Die Grazer Rückenschule

Der beschriebene Weg eines schonenden Aufbauprogrammes ist auch im Rahmen einer Rückenschule zu erlernen.

Die **Grazer Rückenschule** ist ein auf die Einzelperson ausgerichtetes Arbeitsprogramm gegen Wirbelsäulenschmerzen und soll vom postakuten oder chronischen Schmerz wieder zu Schmerzfreiheit und voller Leistungsfähigkeit führen.

Das Programm hat drei Schwerpunkte und wird zum Teil in Einzeleinheiten und zum Teil in Gruppeneinheiten durchgeführt.

Die **Einzelbetreuung** umfasst die klinische Untersuchung durch den Arzt und die Funktionsanalyse der Wirbelsäule sowie die Kontrolle des individuellen Übungsprogrammes.

Als gemeinsame Übungen werden die Theorie-Einheiten, die Lektionen und die Musikprogramme absolviert.

Die **12 Bewegungslektionen** (Gruppenunterricht) betreffen die Themen

- Schon- und Schutzprogramm:
  der sanfte Weg in die Bewegung,
- Funktionsschulung:
  Mobilisieren – Entspannen – sanftes Dehnen – leichter Kraftaufbau,
- Bewegungsübungen:
  Fuß – Becken – Schultergürtel – Kopf,
- Haltungsschulung:
  Stehen – Sitzen – Gehen,
- Rückenschulübungen:
  Heben – Tragen – Liegen – Aufstehen, Alltagsbewegungen (Haushalt),
- Bewegungstraining:
  Erweitertes Aufbauprogramm.

In **Bewegungsprogrammen mit Musik** werden verschiedene Übungsformen angeboten, die ohne viel Aufwand auch zu Hause nach CDs oder Kassetten geturnt werden können.

- Tägliche Bewegungseinheiten (Kneipp Daily)
- Ausgleichsübungen für Zwischendurch (Rücken-Stücke)

Der Arbeitsweg

- Stufenförmiger Aufbau des Bewegungsprogrammes von der Schon- und Schutzposition zum normalen Bewegungsverhalten
- Wiedergewinnung der freien Bewegung über einfache Musikprogramme
- Integration individueller und problemspezifischer Bewegungsprogramme in den allgemeinen Trainingsaufbau

Rückenschutz im Alltag

Für die Wirbelsäule kritische Situationen entstehen im Alltag meistens bei Tätigkeiten wie Heben, Tragen, Gartenarbeit, Schneeschaufeln und Ähnlichem. Wie riskant diese Arbeiten sein können und wie man sich dagegen schützen kann, zeigt das folgende Kapitel.

Heben

Richtiges und falsches Heben beschäftigt bereits seit über 60 Jahren die Wissenschaft, insbesondere die Biomechanik, die Arbeitsmedizin und die Rückenschulen. Vorausgeschickt sei, dass es trotz eines immensen Forschungseinsatzes keine Übereinstimmung über das richtige Heben gibt. Absolut klar ist jedoch, dass durch das Heben immer wieder starke Wirbelsäulenbeschwerden auftreten und dass auch Bandscheibenschäden ausgelöst werden können.

Am bedenklichsten scheint uns die Folgewirkung einer Hebeverletzung zu sein: Wenn einmal eine Verletzung durch einen Hebevorgang entstanden ist, dann können auch in der Folgezeit immer wieder Beschwerden beim Heben auftreten. Dies bedeutet, dass besonders die primäre Prävention (bei Schülern, Lehrlingen usw.) verstärkt werden muss.

Die zweite Folgerung aus dieser Tatsache: Wer sich einmal verletzt hat, muss bei weiteren Hebevorgängen noch mehr aufpassen, da das Verletzungsrisiko gestiegen ist. Die Umsetzung von Vorsichtsmaßnahmen wird daher mit jeder Verletzung wichtiger. Gehen wir zuerst einmal der Frage nach, warum es so viele Verletzungen durch Heben gibt. Ein Grund ist sicherlich, dass die Gefahr beim Heben vielfach unterschätzt oder falsch eingeschätzt wird.

Während man bei Bekannten und Freunden kaum jemanden findet, der beim Umsiedeln und Kastentragen noch helfen kann und will, zögern nur wenige, eine Kiste Bier oder eine Kiste Mineralwasser in ihren Einkaufskorb zu heben.

Bei einer Versuchsserie über richtiges und falsches Heben haben von 350 Versuchspersonen nur etwas mehr als 20 % vor dem Heben einer vollen Bierkiste gezögert. Auch Personen mit Beschwerden haben angeführt, dass sie ja auch sonst mit diesen Lasten umgehen müssten. Aufschlussreich sind diesbezüglich die Ergebnisse biomechanischer Untersuchungen über die Belastung bei falscher und bei richtiger Hebetechnik.

Das Hebemodell

Für die Berechnung der indivuellen Belastungssituation beim Heben wurde ein Hebemodell entwickelt (H. P. Holzer), welches die individuelle Hebetechnik (Körperhaltung, Abstand zur Last usw.) berücksichtigt und mit Hilfe einer Kraftmessplatte auch die Kräfte der »Hebedynamik« miteinbezieht. Daraus wird die Belastung in der Lendenwirbelsäule während des gesamten Hebevorganges berechnet.

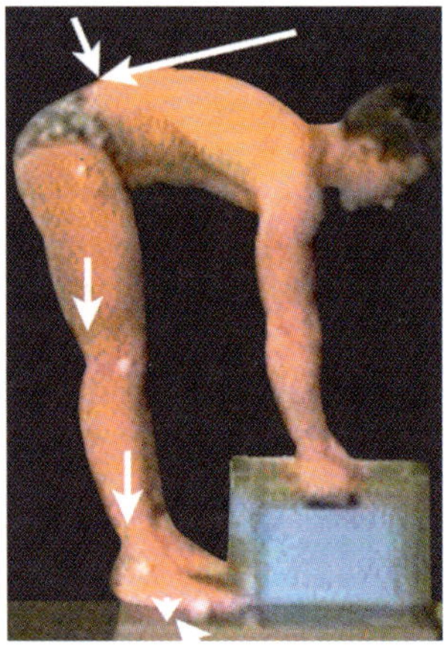

Bei der Untersuchung steht die Versuchsperson auf einer Messplatte, die die Bodenreaktionskräfte misst. Die Gelenkpunkte der VP sind markiert und werden über Videodigitalisierung in den Rechner gelesen.

Aus den Bodenreaktionskräften und den Bewegungen des Körpers werden mittels eines dynamischen Hebemodells die Kräfte für den Übergang L5/S1 berechnet.
An diesem Übergang vom Kreuzbein zur Lendenwirbelsäule treten die höchsten Kräfte an der Wirbelsäule auf.

Die Ergebnisse der Reihenuntersuchung zeigten:

- Die durchschnittlichen Belastungen der Wirbelsäule beim Heben einer Bierkiste lagen beim 7- bis 9fachen Körpergewicht.
- Spitzenbelastungen bis zum 15fachen Körpergewicht traten bei einer vermeintlich richtigen Hebetechnik auf, wenn aus der Hockstellung die Kiste vor dem Körper ruckartig hochgehoben wurde.
- Bis auf wenige Ausnahmen hat keine der Versuchspersonen vor dem Anheben die Bauchmuskulatur angespannt.
- Nach einer 2-stündigen Einschulung konnte die Belastung beim Heben auf das 3- bis 4fache Körpergewicht reduziert werden.

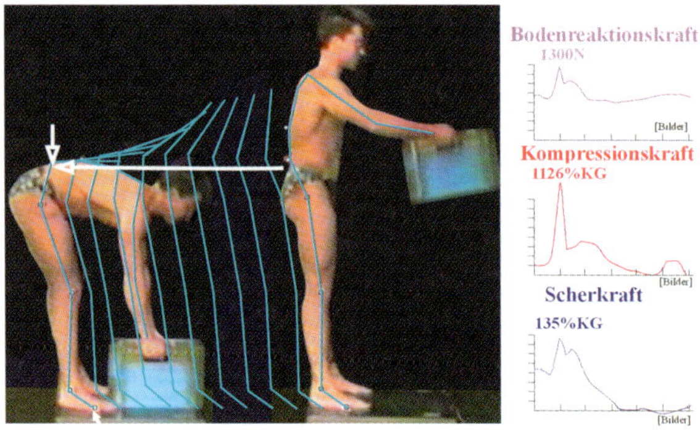

Falsches Heben

Bei diesem Beispiel für eine falsche Hebetechnik wird mit gestreckten Knien und vorgebeugtem Oberkörper die Last ergriffen und fast ruckartig gehoben. Dabei richtet sich der Körper auf, die Wirbelsäule ist also in Bewegung.

Die Belastung direkt nach Beginn des Hebens beträgt in axialer Richtung das 11fache (!) des Körpergewichts (Kompressionskraft) und quer zur Wirbelsäule etwa das 1,5fache des Körpergewichts.

Mögliche Gründe für eine Verletzungsgefahr beim falschen Heben:

- Die Belastung (ein Vielfaches des Körpergewichts!) der Lendenwirbelsäule beim Heben einer Bierkiste erreicht bereits eine kritische Höhe.
- Mit Beginn in der tiefen Vorbeugeposition richtet sich der Körper bis in die Standposition auf. Aus der leichten Krümmung der Lendenwirbelsäule wird bis zum Aufrichten eine leichte Hohlkreuzstellung. Während der Belastung erfolgt eine Streckbewegung der Wirbelsäule, die Lendenwirbelsäule ist also nicht fixiert.

- Der dritte Grund: Vorgebeugte Position zur Zeit der Belastung. Dabei stehen die Wirbel nicht axial aufeinander, sondern sind gekippt: Es kommt zu einer so genannten Randbelastung der Wirbelkörper.

Die Kraftkurven zeigen ebenfalls einen auffällig ungünstigen Verlauf:

- Direkt bei Beginn des Hebevorganges (die Kiste ist erst wenige Millimeter vom Boden entfernt) tritt schlagartig die hohe Belastung auf.
  Das bedeutet, dass sich die Muskulatur – außer, wenn sie bereits bewusst vorgespannt wurde – nicht schützend einschalten kann und die Belastung primär auf Wirbel, Wirbelbogengelenke und Bandscheiben wirkt.
- Die höchste Belastung erfolgt in der Wirbelsäule, während sich die Belastung in Hüfte, Knie und Knöchel bei ausbalancierter Hebetechnik auf beide Körperhälften verteilt.

Die Bodenreaktionskraft zeigt zu Beginn des Hebens einen Wert von 130 kg an. Bei einem Körpergewicht von ca. 70 kg stellt die Bierkiste eine Last von ca. 60 kg dar.

Ein ruckartiges Anheben der Bierkiste entspricht demnach einem langsamen Anheben einer Last von mehr als 60 kg.

Der Vergleich mit einer die Wirbelsäule schonenden Hebetechnik zeigt die Unterschiede in der Belastung.

Präventives Heben

Unter präventiver Hebetechnik verstehen wir jene Technik, bei der die Wirbelsäulenbelastung möglichst gering gehalten werden soll. Mit dieser Form des Hebens kann ein Bierführer zwar kaum seine Tagesleistung erbringen, es soll jedoch prinzipiell gezeigt werden, wie die Wirbelsäulenbelastung reduziert werden kann:

- Die Bodenreaktionskraft entspricht dem Körpergewicht der Versuchsperson (die Last wird auf 0 gesetzt).
- Durch langsames Anheben der Last kommt es zu keiner Beschleunigung und zu keiner Erhöhung der Belastung.
- Die Oberkörperhaltung ist durchgehend aufrecht (keine Randbelastung der Wirbel).
- Es erfolgt keine Bewegung in der Lendenwirbelsäule beim Hebevorgang.
- Geringer Abstand zur Last (jede Last sollte möglichst nahe am Körper getragen oder gehalten werden).
- Insgesamt keine hohen Belastungen in der Wirbelsäule. Dafür allerdings höhere Kniebelastung, stärkere Ermüdung und damit eine geringere Hebeleistung.

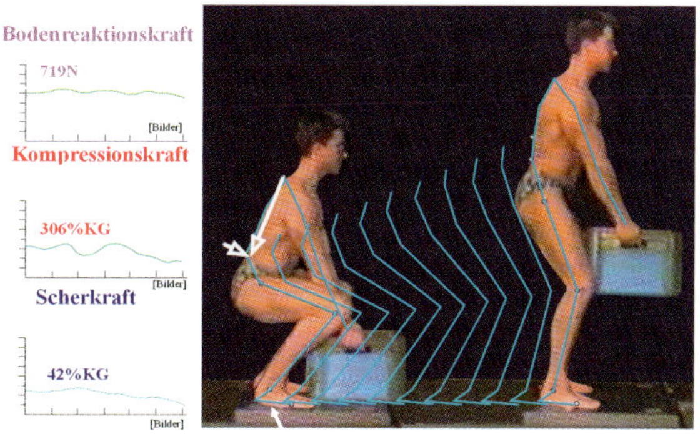

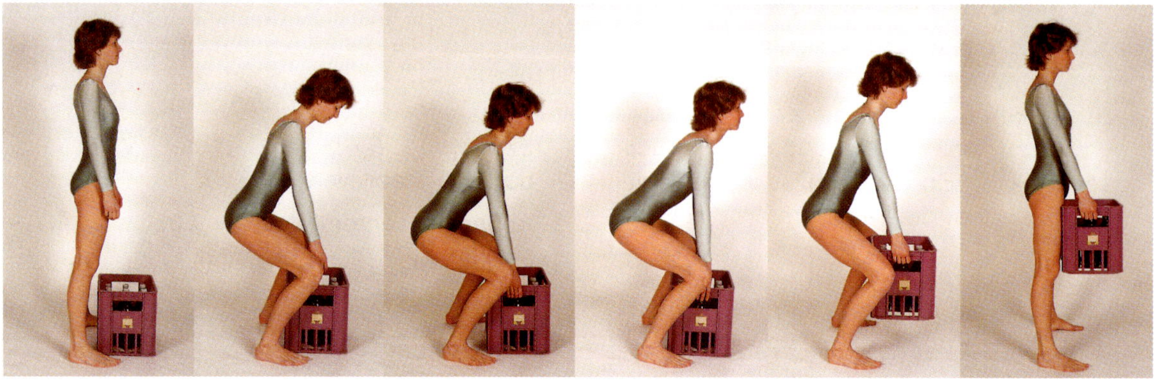

Was muss man beim präventiven Heben berücksichtigen?

1. **Sicherer Stand und optimaler Abstand zur Last:** Man stellt sich so nahe wie möglich an die Last. Wenn sie nicht zu groß ist, sollte sie nach Möglichkeit zwischen den Füßen platziert sein. Dann wird ein guter Stand eingenommen: (Wegrutschen während des Hebens ist die Ursache für viele Hebetraumen). Zum guten Stand gehört auch, dass die ganze Fußsohle am Boden ist und man nicht auf dem Ballen balancieren muss, wenn man anhebt.

2. **Die Kontrolle der Last** ist eine hilfreiche Vorsichtsmaßnahme. Man geht in die Knie und fasst die Last an, ohne sie zu heben. Dabei kann man überprüfen, wie schwer die Last ist und danach entscheidet man, ob man sie überhaupt heben kann und soll. Weiters kontrolliert man, ob die Last im Gleichgewicht ist, d. h. ob beim Anheben mit beiden Händen rechts und links dieselbe Last zu erwarten ist und es nicht zu einem Abkippen der Last kommen kann. Danach richtet man sich kurz wieder auf.

3. **Hebevorbereitung:** Die wichtigste Hebevorbereitung ist die Anspannung der Muskulatur. Dabei sollen die Beckenbodenmuskulatur, die Bauch- und Rückenmuskulatur entsprechend der Last entweder nur gering oder auch stark angespannt werden.
   Vor dem neuerlichen Tiefgehen sollte die Beckenboden- und Bauchmuskulatur angespannt werden. Beim Angreifen der Last soll zusätzlich die Rückenmuskulatur aktiviert werden: Man sollte den Rücken »spüren lassen«, was man hebt.

4. **Richtige Hebepositon:** Beim Anheben der Last sollten die Knie gebeugt sein, jedoch nur so tief wie es unbedingt erforderlich ist, um die Knie nicht zu stark zu belasten. Der Oberkörper ist möglichst aufrecht.

5. **Gleitender Hebevorgang:** Das eigentliche Heben sollte weder ruckartig noch direkt nach oben erfolgen, sondern langsam beschleunigend und in einem gleitenden Anstieg: d. h., dass man die Last geringfügig zu sich herangleiten lässt und in einem leichten Bogen bis zur benötigten Höhe anhebt.

6. **Absetzen der Last:** Auch beim Absetzen einer Last ist auf die Wirbelsäulenbelastung zu achten. Wenn die Last auf dem Boden abgesetzt wird, tritt die höchste Belastung unmittelbar vor dem Aufsetzen auf dem Boden auf. Das ist der Zeitpunkt, in dem die Last abgebremst wird.

Da die Körperstellung durch das meist weitere Vorbeugen sehr ungünstig ist, sollte auch das Absetzen – ähnlich wie das Anheben – in möglichst aufrechter Oberkörperhaltung erfolgen.

Die Wirbelsäulenstellung beim Heben sollte ungefähr jener des aufrechten Stehens entsprechen: Die Lendenwirbelsäule zeigt ein leichtes Hohlkreuz oder ist gerade, das Becken ist dabei leicht nach vor gekippt. Diese Becken- und Wirbelsäulenstellung ist dann richtig, wenn die Last entweder senkrecht nach oben gehoben wird oder wenn die Last direkt von oben übernommen wird.

Wenn während des Hebens auch gezogen wird, dann stellt sich der Oberkörper auf die Zugrichtung ein und beugt sich »bogenförmig« nach vor. Dabei ist das Becken zurückgekippt und die Lendenwirbelsäule ist gerade oder leicht kyphosiert (nach hinten verbogen). Die Stabilisierung des Bauchraumes durch die Bauchpresse ist dabei notwendig.

Richtiges Heben

- Sicherer Stand
- Geringer Abstand zur Last
- Aktive Muskelanspannung
- Richtige Körperhaltung
- Langsames Anheben der Last

Beim Heben, Ziehen oder Tragen sollte immer ein **Bauchgurt** verwendet werden. Der Vorteil des Bauchgurtes besteht darin, dass er den Bauchinnendruck ähnlich wie die Bauchpresse erhöht und die Wirbelsäule dadurch stabilisiert.

Außerdem unterstützt der Gurt die aktive Muskelanspannung besonders der Bauchmuskulatur. In der kalten Jahreszeit schützt ein breiter und gut sitzender Bauchgurt auch vor Verkühlungen bzw. vor dem gefürchteten »kalten Zug« am Kreuz.

Tragen

Beim Tragen soll die Last nahe am Körper sein und möglichst nicht frei getragen werden. Wenn man eine unhandliche Last (z. B. ein TV-Gerät) transportieren und über eine längere Strecke oder stiegenauf – stiegenab tragen muss, dann ist es günstig, die Last mit einem **Tragegurt,** der über die Schulter geführt wird, zu fixieren.

Dabei entfällt die Gefahr des Verrutschens der Last und die Last ist immer ganz knapp am Körper. Außerdem bekommt man eine Hand oder auch beide Hände frei, um sich eventuell festhalten zu können.

Wenn Lasten seitlich am Körper zu tragen sind und nicht am Körper fixiert werden können (Koffer, Wassereimer usw.), dann sollte man vor dem Anheben der Last (oder der Lasten) den Oberkörper in aufrechter Stellung durch muskuläre Anspannung fixieren und erst danach die Last anheben. Dadurch vermeidet man eine Seitneigung des Oberkörpers mit einer einseitigen Belastung der Wirbelsäule.

Sicheres Bewegen

Wirbelsäulenbelastung bei der Arbeit

Gehen wir von einer stehenden Position aus, wie sie beim Arbeiten an einer Werkbank, in der Küche, beim Bügeln oder bei der Handwäsche eingenommen wird.

Die Wirbelsäulenbelastung entsteht dadurch, dass der Oberkörper nach vor geneigt wird und die Hände nach vor greifen. Diese Vorlage des Oberkörpers und die Vorhalte der Arme und Hände wird von den Rückenmuskeln gehalten. Durch die Anspannung der Rückenmuskeln erfolgt ein Druck auf die Wirbelsäule, der – besonders bei längerem Arbeiten – zu Verspannungen und Schmerzen führen kann. Bei akuten Beschwerden kann bereits ein geringes Vorneigen des Oberkörpers eine Schmerzattacke auslösen.

Das erste Haltungskriterium ist daher die **Oberkörpervorlage.** Sie ist abhängig von der Arbeitshöhe und der Position der Hände beim Arbeiten. Je tiefer die Arbeitshöhe ist und je weiter die Arbeitsposition der Hände vom Körper weg ist, desto stärker neigt sich der Oberkörper nach vor und desto stärker muss sich der Rückenmuskel anspannen.

Ein erster Versuch bei ständigen Rückenschmerzen am Arbeitsplatz sollte daher – wenn möglich – eine Veränderung der Arbeitshöhe (und damit der Oberkörpervorlage) sein.

Eine weitere Ursache könnte der Abstand der Arbeitsposition vom Körper sein. Eine Tätigkeit sollte eher näher am Körper ausgeführt werden als zu weit entfernt.

Das zweite Kriterium ist die **Becken-Kreuz-Stellung.** Sie hängt mit der Arbeitshöhe und der Beinstellung zusammen. Bei gestreckten Knien ist das Becken leicht vorgekippt und die Lendenwirbelsäule eher im Hohlkreuz. (Beim Tragen von Schuhen mit hohen Absätzen wird diese Tendenz verstärkt).

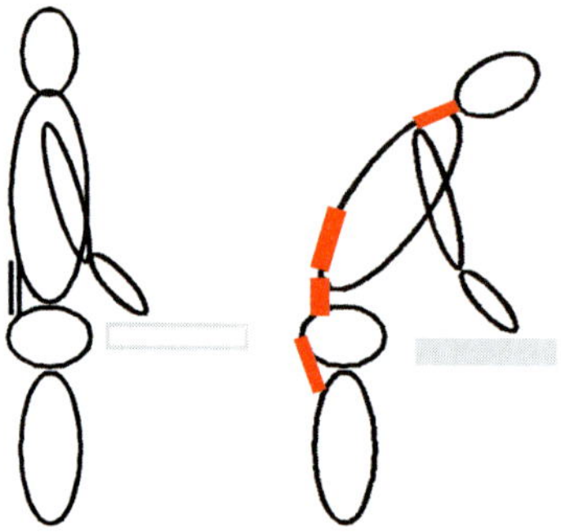

Wenn ein Knie leicht gebeugt wird, dann kippt das Becken etwas zurück und die Hohlkreuzstellung wird flacher. Wenn man einen Fuß auf eine Unterlage (Schemel) stellt, dann kippt das Becken noch stärker zurück, die Lendenwirbelsäule wird flacher und die Bandscheiben sind weniger stark eingeengt.

Entweder durch unterschiedliche Beinstellung oder durch bewusstes Beckenkippen kann die Becken-Kreuz-Stellung verändert und die Lendenwirbelsäule entlastet werden.

Ein **regelmäßiger Stellungswechsel** ist das dritte Kriterium. Wenn eine Wirbelsäulenposition über längere Zeit gehalten wird, dann treten meist auf Grund der fixierten Haltung Verspannungen und Beschwerden auf. Durch wiederholte kleine Bewegungen im Becken und in der Kreuzregion wird eine längere Fixierung in einer Stellung vermieden.

Hebe-Tipps und Rücken-Tricks

Hauskontrolle: Kontrollieren Sie im Haus, wo sich die verschiedenen Dinge befinden, die Sie ständig brauchen. Schwere und unhandliche Gegenstände sollten Sie in einer Höhe im Knie- und Schulterbereich aufbewahren, leichte Gegenstände darunter oder darüber.

Wie wird z. B. die feuchte Wäsche aus der Waschmaschine zum Wäschetrockner oder zur Wäscheleine gebracht? Steht der Wäschekorb beim Aufhängen der Wäsche zumindest auf einem kniehohen Untersatz oder bücken Sie sich um jedes Wäschestück bis in Bodentiefe?

Garten: Vermeiden Sie ungünstige Arbeitsbedingungen und verschaffen Sie sich Erleichterung durch Hilfsgeräte: z. B. einen Lorry für den Transport von Blumen- und Oleandertöpfen, einen Unkrautkorb auf Rädern (mit Stiel), einen Knieschutz zum Niederknien beim Unkrautjäten oder Pflanzensetzen usw.

Bekommen Sie bei bestimmten Gartenarbeiten immer wieder dieselben Beschwerden? Beim Laubkehren oder Rechen? Kontrollieren Sie einmal die Längen ihrer Gerätestiele, diese könnten zu kurz sein. Wenn alle Bemühungen dieser Art nicht helfen, dann verzichten Sie so oft wie möglich auf Arbeiten, die immer wieder die gleichen Beschwerden hervorrufen.

Einlagern: Bevor man schwerere Lasten (in der Garage oder im Keller) lagert, sollte man sich überlegen, wer sie von dort wieder holen muss. Das Absetzen auf dem Boden ist am einfachsten bei der Lagerung, aber mühsam bei der Abholung. Daher: Zuerst ein Podest anlegen (z. B. zwei Holzpaletten übereinander) und die Last darauf lagern.

Alles, was unter Kniehöhe ist, lässt sich nur unter ungünstigen Bedingungen wieder heben. Ab Kniehöhe kann man die Last an sich heranziehen und am Oberschenkel anlegen.

Autofahrer unterwegs: In den Kofferraum gehören: ein Hebegurt, ein verstellbarer Gurt, eine Schürze.

Der **Hebegurt** sollte immer angelegt werden, wenn Lasten über 20 kg gehoben werden müssen. Die **Schürze** immer dann, wenn eine Last am Körper getragen werden soll und die Kleidung dafür nicht günstig ist (Knöpfe, Schnallen) oder nicht beschmutzt werden soll. Ein **verstellbarer Gurt** hilft bei Lasten, die unhandlich oder zu groß sind.

Längeres Fahren in einer gleich bleibenden Sitzposition ist an sich schon eine Herausforderung von Rückenschmerzen. Sitzposition, Stellung und Form der Rücklehne, Höhe und Neigung des Sitzes und der Abstand zu den Pedalen sind individuell anzupassen und können bei ungünstigen Distanzverhältnissen Verspannungen und Schmerzen entstehen lassen.

Daher sollten auch während des Fahrens die Sitzpositionen immer wieder geringfügig gewechselt und die Muskeln – Beckenboden, Bauch, Rücken, Schultern – immer wieder kurz angespannt und wieder locker gelassen werden (es reicht die kurze Zeit der Rot-Ampel-Phasen). Auch die Wirbelsäule muss immer wieder durch leichte Seit- und Vor-Rück-Bewegungen zumindest geringfügig bewegt werden.

Dass jeweils nach 1 bis 2 Stunden Fahrt eine kurze **Bewegungspause** sinnvoll ist, in der man zumindest ein paar Beuge- und Streckbewegungen macht und damit die Durchblutung wieder aktiviert, ist zwar allgemein bekannt, wird aber seltsamerweise oft gerade von jenen nicht eingehalten, die über ständige Beschwerden beim Autofahren klagen.

Wenn nach der Fahrt Hebetätigkeiten gefordert sind: Kleinkinder aus dem Auto holen, Koffer herausheben usw., dann sollte vor der Hebetätigkeit zumindest eine kurze Mobilisierungsübung für die Wirbelsäule durchgeführt werden.

Rückwärtsfahren: Personen, die beim Rückwärtsfahren nicht die Rückspiegel verwenden (wollen oder können), sollten beim Zurückschauen die Bewegung nicht nur aus der Halswirbelsäule und der oberen Brustwirbelsäule ausführen, sondern sich etwas seitlicher setzen und die Schultern von der Lehne lösen, damit die Drehbewegung mit dem ganzen Oberkörper erfolgen kann.

Andernfalls können Probleme in der Halswirbelsäule auftreten.

Traktor: Beim Traktorfahren wird die Wirbelsäule durch Vibrationen stark belastet, so dass sich Muskelverspannungen aufbauen.

Wenn nach dem Traktorfahren dann schwerere Tätigkeiten gefordert sind, wie An- und Abkuppeln von Anhängern, dann sollte unbedingt eine kurze Bewegungspause die Beweglichkeit der Wirbelsäule wiederherstellen, so dass nicht in einer möglicherweise durch die Fahrt erzwungenen Verspannungshaltung eine Hebebelastung erfolgt.

Reisebeginn: Immer wieder wird erzählt, dass der Reisebeginn gleichzeitig das Ende der Reise bedeutete. Beim Koffertragen – meist noch in der Wohnung – kommt es zu einem Bandscheibenvorfall. Was ist passiert? Der Koffer ist gepackt, das Taxi steht vor der Tür – in der allgemeinen Hektik werden alle Vorsichtsmaßnahmen vergessen: der Koffer wird schnell angehoben – und anstelle in den Urlaub geht es in die Klinik.

Daher: **Gepäckstücke** nur so stark füllen, dass man sie noch leicht heben oder ziehen kann. Wenn man Probleme mit der Wirbelsäule hat, muss man bei Hebebelastungen konsequent sein, das bedeutet: keine Hebetätigkeit.
Man kann beispielsweise ein Taxi bestellen, bei dem der Lenker bereit ist, das Gepäck aus der Wohnung zu holen und auch beim Weitertransport behilflich zu sein.

Bücken im Auto oder Flugzeug: Eine kritische Situation kann durch das Angeschnalltsein im Flugzeug oder Auto hervorgerufen werden.
Bei raschem Vorbeugen, wenn man z. B. etwas aufheben will, blockiert der Beckengurt die Bewegung des Beckens. Beim Versuch sich vorzubeugen »hebelt« man über den gespannten Beckengurt in die Lendenwirbelsäule: eine Überdehnung ist dabei leicht möglich und der einschießende Schmerz ist oft von längerer Wirkung als es die Reiseeindrücke sind.

Stress und Ermüdung: Belastungsrisiken ergeben sich immer dann, wenn die Aufmerksamkeit abgelenkt ist. Wenn man unter Stress steht oder verärgert ist, dann will man schnell etwas erledigen und passt dabei nicht auf.

Die Vorsichtsmaßnahme bedeutet in diesem Fall, seinen persönlichen Zustand und damit die kritische Situation, in der man sich befindet, zu erkennen und beim Heben oder bei belastenden Tätigkeiten umso vorsichtiger zu sein.
Dies gilt besonders auch für den Fall der körperlichen Ermüdung, in der ein doppeltes Handicap vorhanden ist: Die Muskulatur ist meist verspannt und die Konzentration lässt nach. Damit steigt die Gefahr einer Verletzung. Untersuchungen weisen darauf hin, dass gegen Ende der Arbeitszeit die Verletzungshäufigkeit deutlich ansteigt.

Belasten im Alter: »Seit Jahrzehnten trage ich die Zementsäcke – und plötzlich habe ich mich verrissen.« Lebenslang ausgeführte Tätigkeiten werden auf einmal riskant. Das ist der Lauf der Zeit. Die Belastbarkeit geht ab dem 40./45. Lebensjahr konstant zurück – zuerst langsam und dann, je nach Trainingszustand, schneller. Mit 60 Jahren kann die Belastbarkeit bereits auf die Hälfte jener eines 30-Jährigen zurückgegangen sein. Gerade im Alter ist es daher entscheidend wichtig, die Belastung kontinuierlich zu senken.

Speziell für die Frau: Beim Heben ist besonders der muskuläre Schutz des Beckenbodens wichtig (Anspannen der Beckenbodenmuskulatur). Außerdem sollte in der Hebeposition eine zu breite Fußstellung vermieden werden, da dabei ein Schutz des Beckenbodens nicht möglich ist. Auch während und nach der Schwangerschaft sind die Bänder im Becken gelockert und verletzungsanfälliger. Das Heben und Tragen von Kleinkindern sollte daher besonders aufmerksam erfolgen und den Regeln des richtigen Hebens entsprechen.

Schon- und Schutzbewegungen bei Beschwerden

Für die Schon-Schutz-Bewegung gilt, dass sie ein sicheres Bewegen erlaubt, aber möglichst keine Schmerzen auslöst.

Hinsetzen und Aufstehen

Variante 1: Die beiden kritischen Bereiche Kreuz und Halswirbelsäule werden in eine neutrale Bewegungsstellung gebracht und der Oberkörper fast senkrecht gehalten. Die gering angespannte Bauchmuskulatur stabilisiert die Wirbelsäule.

In der akuten oder postakuten Schmerzphase kann jede Anspannung der Rückenmuskulatur Schmerz auslösen und nur bei

senkrechtem oder sogar leicht rückgeneigtem Oberkörper und keinen Armbewegungen vor dem Körper wird eine Schmerzauslösung vermieden.

Für die vorsichtige Variante genügt die Stabilisierung des Oberkörpers in der leichten Vorbeuge und die Unterstützung der Aufrichtebewegung durch die Arme.

Wie wir bereits im Abschnitt über Schmerz ausgeführt haben, wird zuerst eine optimale Becken-Kreuz-Stellung eingenommen und diese mit aktiver und bewusster Bauchmuskelanspannung gehalten. Bewegungen wie Aufstehen, Setzen usw. werden dann mit geringer Oberkörperbewegung und Abstützung durch die Hände durchgeführt (Bild rechts).

Erlernen der Bauchmuskel-Anspannung: Eine der wichtigsten Aufgaben ist das Erlernen der bewussten Bauchmuskelanspannung.

Eine Möglichkeit ist das Anheben der gebeugten Beine beim Sitzen. Der Bauchmuskel spannt dabei an und bildet eine gerade Linie vom Schambein bis zum Brustbein. Eine Kontrolle mit der Hand soll sicherstellen, dass diese muskuläre Verspannung zu spüren ist. Dann soll man beim langsamen Vorkippen und Aufstehen versuchen, eine leichte Bauchmuskelanspannung bis zum Stand beizubehalten.

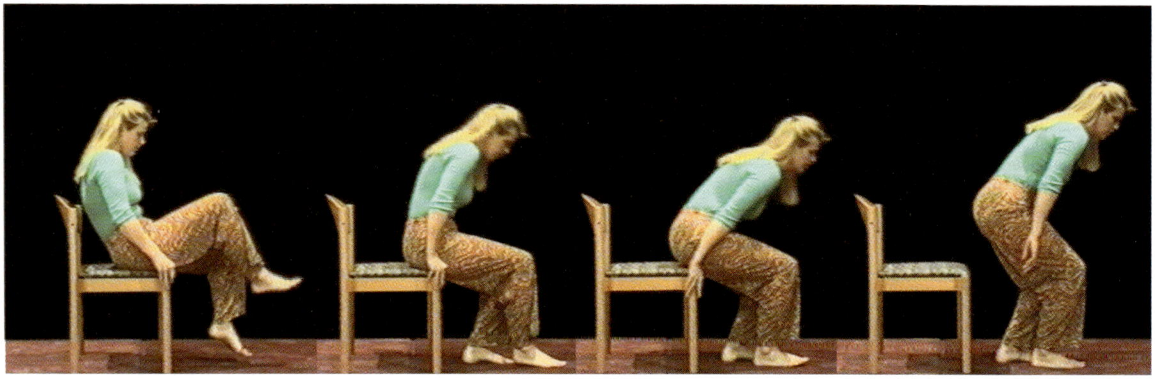

Bewegung

Das Übungsgut, welches wir für körperliches Training verwenden, setzt sich aus drei Bereichen zusammen: Grundmotorik, Funktionsgymnastik und der Haltungsschulung.

Bewegungen der Grundmotorik

Die Bewegungen der Grundmotorik sind jene Muster, die im Laufe der Entwicklung des Menschen für seine Fortbewegung, Verteidigung, Fortpflanzung und Nahrungsbeschaffung notwendig waren. Sie sind uns angeboren und müssen nicht eigens erlernt werden.

Kriechen, Klettern, Greifen, Werfen, Schlagen, Stoßen, Schieben, Ziehen, Tragen zählen zu den Urformen der Grundmotorik. Stehen und Gehen sind die äußeren Kennzeichen der Geburtsstunde des homo sapiens.

Für den Bereich Gesundheitsvorsorge durch Bewegung sind Gehen, Stehen, Laufen, Springen und Schwingen die wichtigsten Bewegungsformen, mit denen wir unsere hauptsächlich durch Sitzen geprägte motorische Verhaltensweise wieder ausgleichen können.

Stehen und Gehen

Das mit dem Stehen sich entwickelnde Gehen hat als charakteristisches Zeichen das Abrollen des Fußes von der Ferse bis zu den Zehen: Der Beginn des Menschseins wird vom Fußabdruck bestimmt.

Die aufrechte Haltung und damit die neue Rolle der Wirbelsäule als senkrechtes Achsenorgan, der flach aufgesetzte Fuß, das Freiwerden der Hände und Arme sowie die neue Sichtweise (Kopf an der höchsten Position) sind zugleich die wesentlichen Merkmale des Stehens und Gehens.

Mit dem Gehen werden zwei weitere Entwicklungen initiiert. Der Belastungswechsel während eines Schrittes (rechts-links-rechts-links) mit jeweils einer Standphase auf nur einem Bein verlangt ein besonders gutes Gleichgewichtsvermögen und eine hoch spezifische Koordination.

Kein Wunder, dass nicht einmal die modernsten Roboter zur Zeit auch nur annähernd den menschlichen Gang wiedergeben können.

Der Fuß funktioniert nicht nur als motorische Einheit für das Gehen, sondern auch als Sensor für die Bewegungskontrolle während der Fortbewegung. Durch den Belastungswechsel von einem Fuß auf den anderen kommt es zu einer Verschiebung des Körpergewichts, zu einer Dreh-Kipp-Bewegung des Beckens und zur Schwingung der Wirbelsäule. Nur durch das komplizierte Zusammenspiel von Fuß, Becken und Wirbelsäule kann der Körper im Gleichgewicht bleiben.

Mit dem Gegenspiel von Beinbewegung und diagonaler Armbewegung bleibt der Körper richtungsstabil und beginnt nicht bei jedem Schritt zu rotieren. Die Achse für diese Gegenbewegung Becken/Beine und Schultern/Arme ist wieder die Wirbelsäule.

Diese Gegenbewegung ist auch die Grundlage für das **Schwingen** der Arme. Im Übungsprogramm verwenden wir dieses Schwingen im Stehen und Gehen zur Lösung des Schultergürtels und als eigenen Übungsbereich.

Führen wir uns auch vor Augen, dass das Becken bei jedem Schritt eine dreidimensionale Bewegung ausführt – Vorkippen, abwechselnd rechts und links Abkippen und zusätzlich bei jedem Schritt einmal rechts Vordrehen und dann links Vordrehen – und dass die Lendenwirbelsäule diese Bewegungen mitmacht, da sie ja im Kreuzbein mit dem Becken verbunden ist und erst ab dem Übergang zur Lendenwirbelsäule frei beweglich wird.

Die Wirbelsäule macht nicht nur alle diese Beckenbewegungen mit, sondern kompensiert sie auch, so dass der Kopf relativ ruhig gehalten werden kann. Schwingen und Gegenschwingen, Drehen und Gegendrehen – im Gehen ist dieses Bewegungsspiel der Wirbelsäule gut zu spüren.

Beim Gehen werden die Schwungbewegung jeweils eines Beines, das Abkippen des Beckens und die Rumpfbewegung muskulär gehalten. Die Hauptmuskelgruppen sind dabei neben den Beinmuskeln vor allem die Gesäß-, Bauch- und Rückenmuskeln. Beim Gehen und beim Belastungswechsel im Stehen wird daher ein gezieltes, wenn auch nicht sehr starkes Training der angeführten Muskelgruppen erreicht.

Erdiges Gehen – erdiges Laufen

Die Sonderformen »erdiges Gehen« und »erdiges Laufen« betonen das Abrollen des Fußes und vernachlässigen den Abdruck.

Leicht gebeugte Knie und leicht gebeugte Hüfte vermitteln eine etwas tiefere Körperlage und ein sehr weiches Gehen und Laufen. Durch die rollende Fußbewegung und das Vermeiden eines dynamischen Abdrucks kommt es auch bei längerem Aufwärmen zu keiner Verspannung der Wadenmuskulatur.

Laufen und Springen

Die Unterschiede zum Gehen werden durch die Charakteristika der Lauf- und Sprungbewegung deutlich: Der Abstoß ist stärker, dadurch kommt es zu einer Flugphase, in der sich der Körper kurze Zeit vom Boden löst, danach auf einem Bein landet und auch immer nur mit einem Bein Bodenkontakt hat.

Dazu ist auch eine andere Koordination notwendig als beim Gehen, bei dem es eine Doppelstützphase gibt, in der beide Beine gleichzeitig am Boden sind. Dadurch ist auch die Beinbewegung anders als beim Gehen: Während beim Gehen die Knie beim Abstoß gebeugt sind, erfolgt beim Laufen eine gleichzeitige Streckung von Hüfte, Knie und Sprunggelenk.

Beim Lauf ist durch den stärkeren Abstoß, die größere Schrittlänge und die Landung nach der Flugphase die Belastung in den Gelenken weitaus höher. Beim schnellen Laufen steigt die Belastung der Sprunggelenke bis über das Dreifache des Körpergewichts an. Gleichzeitig erhöht sich auch die Muskeltätigkeit der Rücken- und Gesäßmuskulatur und damit die Trainingswirkung für den Aufbau dieser Muskeln. Die deutlich verstärkte Aktivität der Rückenmuskulatur ist zusätzlich für die Prävention von Rückenproblemen vorteilhaft.

Das Springen stellt eine weitere Belastungssteigerung dar.
Der positive Effekt der Trainingsbelastung muss dabei gegen die Auswirkung der Belastungserhöhung auf Gelenke und Wirbelsäule abgeschätzt werden.

Bei Wirbelsäulenproblemen ist Springen ungünstig, bei Schmerzen absolut zu vermeiden!

Stehen – Gehen – Drehen – Laufen – Schwingen – Springen

Diese Bewegungen der Grundmotorik in entsprechenden Kombinationen und Dosierungen können ohne weitere Kunstformen für alle drei Trainingsbereiche ausreichen: zum Aufwärmen, als Rückentraining und als Konditionstraining.

Zum **Aufwärmen:** Fünf Minuten Gehen, einfache Schrittkombinationen, langsames Laufen und leichte Sprungvariationen wärmen vorwiegend die Beine und die Gesäß- und Rumpfmuskulatur auf und aktivieren den Kreislauf.

Weitere fünf Minuten Schwingen im Stehen oder Gehen erwärmen die Rücken- und Schultermuskulatur und machen den ganzen Körper »betriebsbereit«.

Für das **Rückentraining** sind diese Bewegungsabläufe deshalb gut geeignet, weil bei jeder Bewegung, bei der das Körpergewicht von einem Bein auf das andere verlagert wird, die Last des Oberkörpers in diesen Phasen von der Muskulatur rund um die Wirbelsäule (Gesäß, Rücken, Bauch) gehalten werden muss. Je weiter der Oberkörper nach vor gebeugt ist und je größer die Schwungbewegungen der Arme sind, desto stärker wird die Muskulatur gekräftigt.

Durch das Wechseln des Stand- oder Sprungbeines erfolgt auch ein dauernder Wechsel der Muskelanspannung, so dass eine dynamische Kräftigung der Muskulatur erreicht wird, ohne eine Dauerspannung zu provozieren.

Das Ausführen dieser einfachen Bewegungsmuster ist für die physiologische Gesundheit unseres Körpers notwendig und wahrscheinlich auch ausreichend. Diese Bewegungen haben gemeinsam, dass sie den ganzen Körper in Bewegung halten, fast die gesamte Muskulatur und alle Gelenke integrieren, den Kreislauf anregen, den Stoffwechsel aktivieren und das Nervensystem für die Bewegungssteuerung in Funktion setzen.

Diese »natürlichen« Bewegungsabläufe müssen nicht unbedingt nach trainingswissenschaftlichen Gesichtspunkten aufgebaut sein, um Wirkung zu zeigen. Ihre Ausführung allein ist bereits gesundheitsfördernd und ein Zuviel schadet hier wie dort.

Gehen, Joggen, Laufen sorgen natürlich auch für eine Verbesserung der Herz-Kreislauf-Tätigkeit und eignen sich daher bestens als Konditionstraining. Überanstrengung und Überbelastung der Gelenke sind natürlich zu vermeiden.

Mini-Motion im Stehen und Gehen

Kleinräumige Bewegungen – leichtes Schwingen der Arme, geringe Becken- und Wirbelsäulenbewegungen – beim Stehen und während des Gehens dienen der Lösung verspannter Muskulatur und gleichzeitig ihrer Aktivierung in akuten oder postakuten Schmerzphasen.

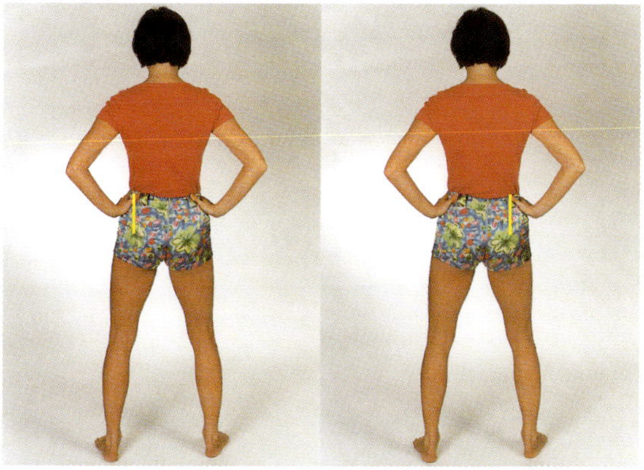

Dadurch soll erreicht werden, dass eine schmerzbedingte Schutzhaltung durch minimierte »natürliche« Grundbewegungen abgelöst wird, die keine Schmerzimpulse provozieren und daher »akzeptiert« werden. Die Ausführung dieser schmerzfreien Grundmuster sollte eine Reduktion der Schmerz-Verspannungs-Muster möglich machen.

- Langsames Pendeln der Arme im Stehen
- Armpendeln bei geringer Rotation des Oberkörpers
- Leichtes Seitabkippen des Beckens mit geringer Wirbelsäulenschwingung
- Vor-Rück-Kippen des Beckens mit leichter Wirbelsäulenbewegung
- Langsames Gehen mit betontem Abrollen über die ganze Fußsohle und lockerem Mitschwingen der Arme

Funktionsgymnastik

Die Funktionsgymnastik hat mehrere Aufgaben zu erfüllen. Erstens dient sie natürlich der Verbesserung aller Bewegungsfunktionen oder Grundleistungen des Körpers, wo diese aufgrund eines Bewegungsmangels oder anderer Einflüsse nicht mehr optimal gegeben sind. Dies betrifft besonders Kinder und Jugendliche.

Eine ebenso wichtige Aufgabe ist die Erhaltung der Leistungsfähigkeit des Körpers bis ins hohe Alter, was eine Anpassung des Übungsprogrammes an die sich durch das Älterwerden veränderten Bedingungen erforderlich macht.

Schließlich sind auch korrigierende Übungen bei vorhandenen Haltungsschwächen, Asymmetrien, Verkürzungen oder Muskelschwächen ein Einsatzgebiet für die Funktionsgymnastik.

Schwerpunkte der Funktionsgymnastik sind die Bereiche Kräftigen, Entspannen, Dehnen, Mobilisieren und Koordination.

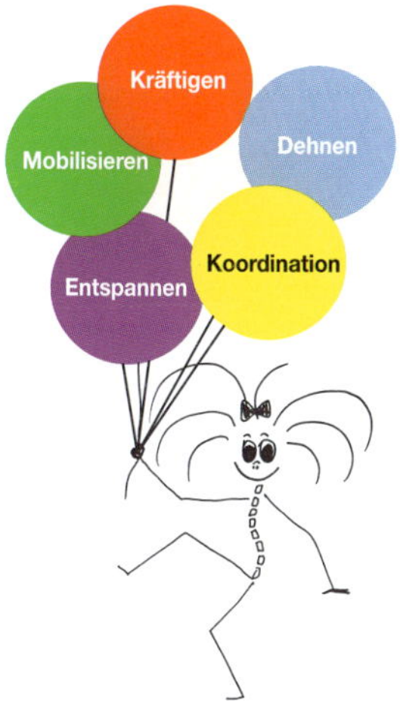

Kräftigen

Für die Wirbelsäulengymnastik sind Kraftübungen besonders wichtig. Ein Großteil aller Personen, die Probleme mit der Wirbelsäule haben, weisen ein zu geringes Kraftniveau auf. Bei Jugendlichen und jüngeren Erwachsenen sollte daher rund um die Wirbelsäule ein richtiges Muskelkorsett aufgebaut werden, das den Schutz der Wirbelsäule übernehmen kann.
Werden Kraftübungen über längere Zeit hindurch ausgeführt, reagiert der Muskel auf die Anforderung, indem er seinen Querschnitt erhöht, also kräftiger wird.

Wenn sich der Muskel den Trainingsreizen angepasst hat, muss die Belastung erhöht werden, damit der Muskel wieder darauf reagiert. Muskeltraining ist daher eine laufende Steigerung der Anforderung an den Muskel.
Wenn das benötigte Kraftniveau erreicht ist, kann durch gleich bleibende Belastung das Niveau gehalten werden. Sinkt die Anforderung an den Muskel infolge zu geringer Betätigung wieder ab, wird auch der Muskel wieder schwächer.

Trainingsziel ist eine an Stärke und Dicke deutlich erkennbare Muskulatur. In späteren Jahren genügt es, das Muskelniveau zu halten oder nach einer längeren Trainingsunterbrechung oder einer verletzungs- oder krankheitsbedingten Pause wieder aufzubauen.

Die wichtigsten Muskelgruppen für den Schutz der Wirbelsäule sind **die Rücken- und die Bauchmuskeln.**

Die Rückenmuskulatur erhöht die Stabilität der Wirbelsäule schon allein durch ihre Muskelmasse (Erector spinae) und durch ihre flächenartig über den ganzen Rücken verteilten Muskeln, die die Stabilität besonders in der Bewegung sichern.

Bei allen Rumpfbewegungen sind auch die Bauchmuskeln beteiligt, die bei Anspannung den an sich instabilen Bauchraum festigen und dadurch die Wirbelsäule stützen.

Training der Rückenmuskeln

Am einfachsten und am wenigsten belastend werden die Rückenmuskeln durch Bewegungen mit leicht oder stärker vorgebeugtem Oberkörper trainiert.

Die Last des Oberkörpers wird dabei von den Rückenmuskeln gehalten, die allein schon durch diese Haltetätigkeit gekräftigt werden. Durch Bewegungen des Rumpfes

das etwas rückgekippte Becken mit leichter Bauchmuskelstabilisierung.

Dadurch wird die Hohlkreuzstellung und das ungünstige »Hineinbewegen« ins Hohlkreuz bei der Streckbewegung der Arme oder Beine vermieden.

Im Sitzen oder Knien ist die Neigung zur Hohlkreuzbewegung weniger gegeben, da die Rückbewegung des Beines wegfällt.

Armbewegungen bei leicht vorgehaltenem Oberkörper

Halten des geraden Oberkörpers, dann Kraulbewegungen mit den Armen

und/oder der Arme wird die Trainingswirkung verstärkt.

Gleichzeitig kräftigen diese Übungen auch die Gesäßmuskulatur, die über das Becken ebenfalls zur Stabilisierung der Wirbelsäule beiträgt. Durch Diagonal- und Drehbewegungen werden sowohl der Rückenstrecker als auch die flächenartigen Rückenmuskeln trainiert.

Ziel des Rückentrainings ist demzufolge der Aufbau einer kräftigen Rumpfmuskulatur einschließlich der kleinen Muskeln entlang der Wirbelsäule, die besonders bei Drehbewegungen und Wirbel-zu-Wirbel-Bewegungen aktiv werden (Flachkraulen, X-Large).

Die Ausgangsposition für das Rückentraining im Stand und in der Schrittstellung ist

Bei Rückenmuskelübungen in Bauchlage ist die Gefahr der Hohlkreuzstellung gegeben. Daher wird in dieser Position ein kleiner Polster unter das Becken gelegt und der Gesäßmuskel so weit angespannt, dass die Lendenwirbelsäule flach gehalten werden kann.

Auch die Kraft-Korrektur-Bewegungen wie z. B. das X-large – mit diagonalem Abheben eines Armes und eines Beines – werden bei stabilisiertem Becken und flacher Lendenwirbelsäule durchgeführt.

Abheben des Oberkörpers, dann Kraulbewegungen (Flachkraulen)

Diagonales Arm-Bein-Strecken und Abheben (X-Large)

Training der Bauch- und Beckenbodenmuskulatur

Die Bauchmuskeln sind immer dann aktiv, wenn eine Bewegung von Brustkorb und Becken zu-oder voneinander erfolgt. Wenn sich der Oberkörper dem Becken nähert, wie beim Sit-up, dann sind die geraden Bauchmuskeln aktiv. Wenn dabei eine Drehung stattfindet, indem etwa die rechte Schulter zur linken Hüfte zielt, dann arbeiten auch die schrägen Bauchmuskeln.

Außerdem werden die Bauchmuskeln zur Stabilisierung des Beckens eingesetzt.
Wenn wir beim Sitzen ein Bein anheben, dann geschieht das mit Hilfe der Muskulatur, die vom Becken zum Oberschenkel führt, aber das Becken wird dabei durch die Bauchmuskulatur stabilisiert.

Dieser Stabilisierungseffekt der Bauchmuskulatur kann auch für das Training eingesetzt werden, indem – etwa im Sitzen – die gebeugten (!) Beine abwechselnd hoch und tief bewegt werden.

Da bei allen Aktivitäten der Bauchmuskulatur der Bauchinnendruck ansteigt, empfiehlt es sich, bei jedem Bauchmuskeltraining immer zuerst den Beckenboden zu aktivieren und erst dann mit dem Bauchmuskeltraining zu beginnen.
Die Bauchmuskeln werden auch bewusst eingesetzt, um den Bauchinnendruck zur Unterstützung beim Pressen und beim Heben zu erhöhen.

Bei Bauchmuskelübungen in Rückenlage muss darauf geachtet werden, dass die Lendenwirbelsäule flach auf der Unterlage aufliegt. Die bevorzugte Position ist dabei eine der Crunches-Stellungen mit angewinkelten Knien.

Aktuell ist weiterhin der klassische Sit-up mit dem Auf- und Abrollen der Wirbelsäule. Wenn die Lendenwirbelsäule beim Abrollen zuerst abgelegt wird und flach aufliegt, ist die Belastung nur geringfügig höher als bei den Crunches.

Es erfolgt aber eine deutliche Flexionsbewegung (Flexion = Abknickung) in der Wirbelsäule, die bei Personen mit Bewegungseinschränkungen zu Problemen führen kann. Bei guter Beweglichkeit der Wirbelsäule und bei langsamem, dem Atem angepassten Tempo ist diese klassische Bauchmuskelübung noch immer eine adäquate Variante.

Dass die im vorigen Jahrtausend als »Klappmesser« in Verruf gekommenen Übungen mit gestreckten Knien und ruckartigem Heben des Oberkörpers äußerst belastend waren und vielfach am Trainingsziel vorbeiführten, ist heute bereits Allgemeingut.

Crunches zur Kräftigung der geraden und schrägen Bauchmuskulatur

Kräftigung der schrägen Bauchmuskeln

Verstärkte Bauchmuskelkräftigung (Lokomotion)

Sit-down als schonende Kräftigung der Bauchmuskulatur

Kräftigen der Arme, Schultern, Schulterblattfixatoren, Brustmuskeln

Für das Training der Arm-Schulter-Brust-Region sind besonders die verschiedenen Liegestützvarianten gebräuchlich.

Der »normale« **Liegestütz** wird dabei eher selten bevorzugt, da für ihn bereits ein beträchtliches Kraftniveau vonnöten ist.

Vereinfachte Übungsformen sind der **Kniestütz** oder der Liegestütz auf einer erhöhten Unterlage für die Arme (Tisch, Wand).

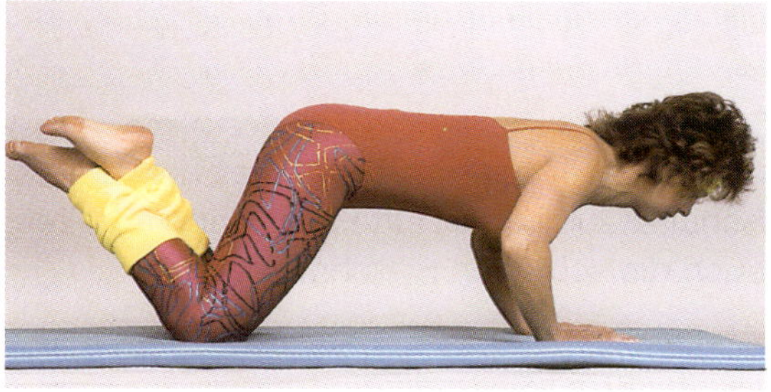

Die Kniestütz-Variante, in der eine Hohlkreuzstellung vermieden wird, ist auch für Jugendliche zu empfehlen und kann abwechselnd mit dem

Frosch-up (gleichzeitiges Beugen der Ellbogen- und der Kniegelenke und wieder Hochdrücken bei hohem Gesäß) geturnt werden.

Für die Kräftigung von Schultermuskulatur und Schulterblattfixatoren dienen auch isometrisch ausgeführte Anspannungsübungen der Schulterblattfixatoren (Tablett) und die Flug-Schwung-Bewegungen der Arme (Albatross, Butterfly).

Tabletthaltung mit Anspannung der Schulterblattfixatoren

»Flügelschläge« des Albatross zur Kräftigung der Schultermuskulatur

Kräftigen der Gesäß-, Lenden-Darmbein- und Beinmuskulatur

Während das Becken mit dem Oberkörper durch die Rücken- und Bauchmuskulatur verbunden ist, erfolgt die Verbindung zu den Beinen durch die Gesäßmuskulatur, den Lenden-Darmbein-Muskel (Iliopsoas) und die Beinmuskulatur.

Die Muskulatur rund um das Becken wird ebenso wie die Rückenmuskulatur durch Gehen, Laufen und Springen trainiert. Für ein gezieltes Training können die einzelnen Muskelgruppen getrennt gekräftigt werden.

Bei allen Übungen mit Beineinsatz wird versucht, das Becken gegenüber der Wirbelsäule zu fixieren und die Beinbewegung ausschließlich aus der Hüfte auszuführen. Dabei bleibt das Becken stabil und es erfolgt kein »Wippen im Hohlkreuz«. Das gilt vor allem bei Kräftigungsübungen für die Gesäßmuskulatur.

Für die täglichen Anforderungen ist die Beinmuskulatur normalerweise kräftig genug, allerdings nur, was Stehen und Gehen betrifft.

Kniebeugebewegungen, wie sie z. B. für das präventive Heben gebraucht werden, sind dagegen ungewohnt und sollten zusätzlich trainiert werden.

Kniebeugebewegungen bis in die mittlere Hocke, mit Armaufstützen als Schonvariante

Um eine Überbelastung der Kniegelenke zu vermeiden, ist darauf zu achten, dass Kniebeugebewegungen nicht bis in die tiefe Hocke geführt werden, sondern nur bis zu einer Position, wie sie etwa im Sitzen auf einem Sessel eingenommen wird.

Kräftigen ohne Risiko

Bei jedem Krafttraining soll die dynamische Arbeit im Vordergrund stehen, während isometrische Übungen meist im Aufbautraining zum Einsatz kommen.

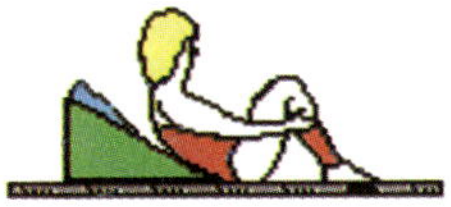

Schonende Bauchmuskelkräftigung

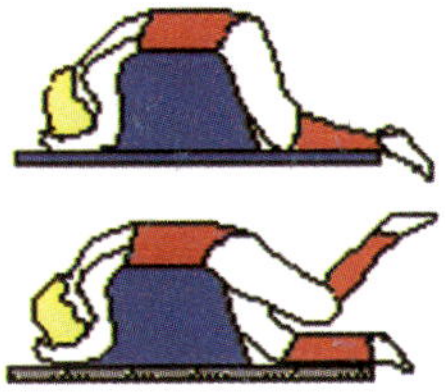

Schonende Kräftigung der Gesäßmuskulatur

Auch bei Kräftigungsübungen dürfen keine Schmerzen auftreten. Sonst muss die Ausgangsposition so lange verändert werden, bis die Übung ohne Schmerzen ausgeführt werden kann.

Kraftaufbau bedeutet Steigerung der Belastung. Wenn man ein Krafttraining absolviert, muss man seine Muskeln danach spüren – man schwitzt und ist nach dem Training müde. Um wieder eine optimale Ausgangssituation zu haben, sollte man nach einem Tag mit einer Stunde Krafttraining einen Tag mit den Kraftübungen aussetzen und stattdessen ein allgemeines und lockeres Ganzkörpertraining durchführen.

Lösen – Entspannen – Dehnen

Verspannte und verhärtete Muskulatur stellt für viele Menschen eine ständige oder häufig auftretende Belastung dar. Ob durch ungünstige Arbeitssituationen, zu wenig Bewegung oder zu schwache Muskulatur mitverursacht, macht kaum einen Unterschied – es ist in jedem Fall die Gesamtbeweglichkeit eingeschränkt und die Lust sich zu bewegen vergleichsweise gering.

Als erstes ist es notwendig, die verspannten Muskeln, die verkürzt sein können oder nur verkürzt erscheinen, zu entspannen und zu lösen. Es ist nicht zielführend, einen verkürzten und verspannten Muskel sofort zu dehnen. Zuerst muss er gewissermaßen »weich« gemacht werden, um mit sich arbeiten zu lassen.

Zwei Hauptmuskelgruppen sind es im Besonderen, die zu Verspannungen neigen und uns das Leben oft schwer machen: die Rückenmuskulatur in der Kreuzgegend und die Hals-Nacken-Schulter-Muskulatur.

Die passive Entspannung

Das Lösen und Entspannen kann auf verschiedene Weise erreicht werden:

- Durch eine Lagerung, die aufgrund der eingenommenen Position die Aktivität des Muskels zurücknimmt und damit eine sofortige Entspannung bewirkt (Schonposition).

Eine ähnliche Wirkung wird errreicht, wenn die Lagerung auch eine leichte Dehnung des Muskels hervorruft – unter der Voraussetzung, dass der Muskel sich dabei nicht stärker verspannt.

In der Position über dem Würfel wird eine Entspannung sowohl des Hals-Nacken-Schulter-Bereichs als auch der Lendenregion erreicht, wenn der Grad der Dehnung durch untergelegte Polsterteile entsprechend dosiert wird.

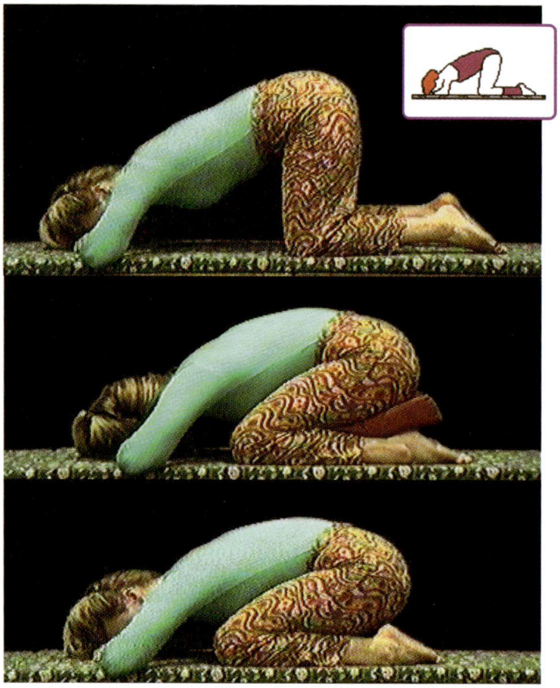

Werden die gebeugten Arme so unterlegt, dass der Kopf auf den Armen ruhen kann, dann ist nur ein sehr geringer Dehnungszug vorhanden.

Auch in der »Päckchenposition« kann eine sofort merkbare Verringerung der Verspannung eintreten. Ist das nicht der Fall, sollte man verschiedene Positionen ausprobieren, bis eine Entspannungslage gefunden wird.

Das bewusste Entspannen eines Muskeln muss in den meisten Fällen erst über Anspannungs- und Entspannungsübungen erlernt werden.

Während des Tages sollte jede Möglichkeit genützt werden, für nur wenige Augenblicke »alles hängen zu lassen« und jene schlaffe Haltung einzunehmen, die wir unseren Schulkindern immer vorwerfen. Danach darf man allerdings nicht vergessen, wieder Haltung zu gewinnen.

Dynamische Entspannungsübungen

Eine weitere Möglichkeit der Lösung und Entspannung sind kleinräumige Pendelbewegungen. Durch ein leichtes Pendeln der Arme oder eines Beines werden auch die Gelenke »freigeschaukelt« und Verspannungen abgebaut.

Hat man bereits einige Übung in dieser Art des Lockerlassens, können z. B. die Rotationsbewegungen etwas vergrößert werden und die »Fliehkraft« zur weiteren Verstärkung eingesetzt werden.

Diese Form des dynamischen Entspannens kann oft sogar hartnäckige Verspannungen lösen und sollte auch den Beginn aller Schwungformen darstellen.

Dehnen

Beim Dehnen unterscheiden wir drei unterschiedliche Vorgangsweisen:

- normales Dehnen (Stretching)
- Slow-motion-Stretching
- therapeutisches Dehnen

Eine Muskelverkürzung tritt grundsätzlich dann ein, wenn der Muskel längere Zeit nicht in seiner ganzen Länge beansprucht wird.

Nach längeren Bewegungspausen sind daher meist die betreffenden Muskeln verkürzt. In diesem Fall sollte zuerst ein Entspannen und Lösen des Muskels erfolgen.

Im Anschluss daran ist es vorteilhaft, ein leichtes Dehnprogramm durchzuführen, das alle Muskelgruppen integriert.

Auch nach einem Krafttraining oder nach dem Laufen sollten jene Muskeln gedehnt werden, die in der Bewegung beansprucht wurden und daher unter größerer Spannung stehen.

Beim normalen **Dehnen oder Stretching** wird eine Dehnposition eingenommen und eine bestimmte Zeit lang beibehalten.

Das Dehnen selbst muss langsam erfolgen und die Dehnposition sollte mit dem Ausatmen erreicht werden. Nach dem Einatmen kann beim nächsten Ausatmen die Dehnposition jeweils leicht verstärkt werden.

Im **Slow-motion-Stretching** werden ganz langsame Bewegungen zur Dehnung des Muskels bis in die erwünschte Dehnposition durchgeführt und ohne Haltephase von einem anschließenden Nachgeben und Wiederzurückführen bis in die Ausgangsposition abgelöst.

Das **therapeutische Dehnen** dient dazu, eine festgestellte Muskelverkürzung zu beheben, es hat daher eine effektive Verlängerung des Muskels zum Ziel.

Dabei wird zuerst wie beim normalen Stretching die Dehnposition eingenommen und ca. 20 Sekunden gehalten. Danach wird der Muskel, der gedehnt werden soll, mit geringer Intensität aktiviert (gegen die Dehnposition drücken) und anschließend der Dehnvorgang fortgesetzt. Die erreichte Dehnposition wird wiederum 20 – 30 Sekunden gehalten.

Da das Dehnen am entspannten Muskel erfolgen soll, darf beim Dehnen nicht gewippt werden, da dabei der Muskel aktiviert wird und dem Dehnvorgang entgegenwirkt.

Außerdem sollte man sich auch psychisch auf das Dehnen einstellen.

Wie bei allen anderen Übungen dürfen auch beim Dehnen keine Schmerzen auftreten!

Streckdehnen des Rückens

Flankendehnung

*Dehnen des Lenden-
Darmbein-Muskels
(Iliopsoas)*

*Leichte
Gesäßmuskeldehnung*

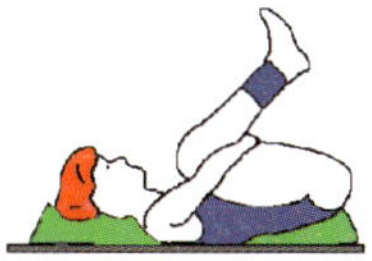

*Dehnen der Ober-
schenkelinnenseite
(Adduktoren)*

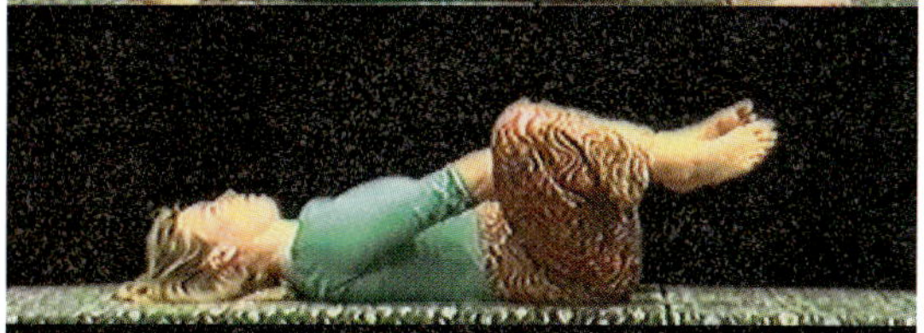

*Dehnen der Ober-
schenkelvorderseite*

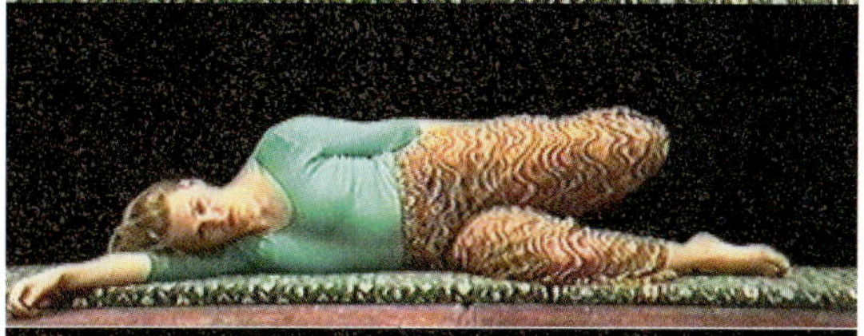

*Dehnen der Ober-
schenkelrückseite*

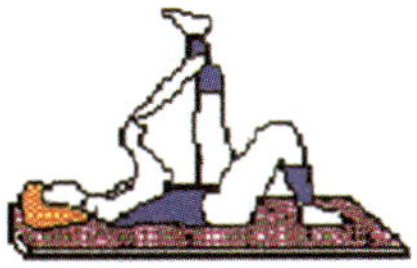

*Dehnen der Brust-
muskulatur*

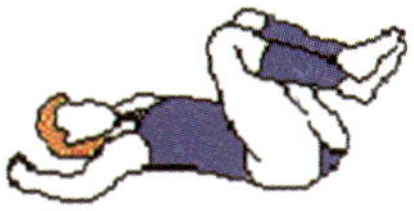

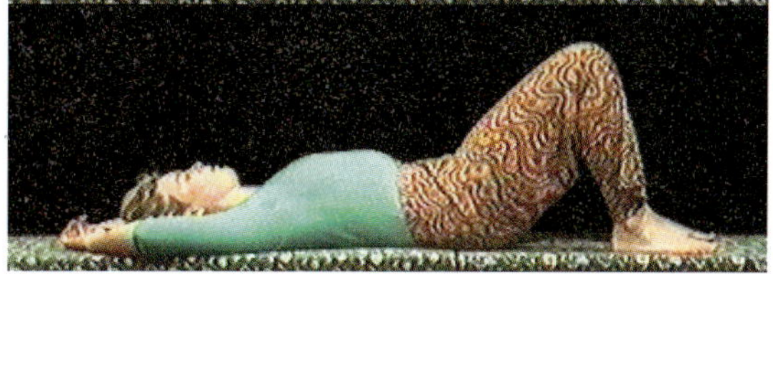

Mobilisieren

Unter Mobilisieren verstehen wir ein bewusstes Bewegen der Wirbelsäule und der Gelenke.

Dieses Bewegen zum Beweglich-Erhalten oder Beweglich-Machen soll ohne Kraft und ohne muskuläre Spannung vor sich gehen, damit die Gelenke ihren Bewegungsspielraum entfalten können bzw. der Bewegungsspielraum bei Einschränkungen wieder erweitert wird.

Bereits bei Kindern im Volksschulalter sind Bewegungseinschränkungen der Gelenke und besonders der Wirbelsäule zu finden. Partielle Einschränkungen treten bei über 60 % der Kinder auf.

Das bedeutet, dass entweder durch Bewegungsmangel, ungünstige oder asymmetrische Körperhaltung oder fehlerhafte Bewegungsmuster Einschränkungen in der Beweglichkeit der Wirbelsäule auftreten. Diese Bewegungseinschränkungen werden in der Regel von Jahr zu Jahr deutlicher.

Während sie bei Kindern in der Volksschule noch nicht fixiert sind, sondern sich nur in der geringeren Beweglichkeit der Wirbelsäule und im eingeschränkten Schwingungsverhalten der Wirbelsäule beim Gehen zeigen, werden bereits in der Oberstufe (bei den 15- bis 18-Jährigen) die Bewegungseinschränkungen deutlicher sichtbar und fixieren sich weiter im Erwachsenenalter.

Wir unterscheiden:

- **strukturelle Bewegungseinschränkungen,** die aufgrund von Struktur und Form der Wirbelsäule auftreten (Skoliose, Rundrücken, degenerative Veränderungen) und
- **funktionelle Einschränkungen,** die durch zu geringe Bewegungspraxis oder durch einseitiges Bewegungsverhalten entstehen.

Dazu zählen wir auch jene, die als Restbestände überwundener Schmerzsituationen bestehen bleiben. Streckhaltungen und Schonhaltungen nach Schmerzen tendieren dazu, sich in das Haltungs- und Bewegungsmuster zu integrieren.

Wenn nach Abklingen der Beschwerden keine freie Beweglichkeit der Wirbelsäule erreicht wird, dann verbleiben Bewegungseinschränkungen im Haltungs- und Bewegungsmuster, die von sich aus wieder als Schmerzverursacher wirken können und die ohne gezielte Mobilisierungsübungen auch jahrelang bestehen können.

Das Ziel der Mobilisierung ist einerseits bei strukturell bedingten Einschränkungen, den noch vorhandenen Bewegungsumfang zu erhalten, eventuell bereits teilfixierte Strukturen wieder beweglich zu machen und andererseits funktionell bedingte Bewegungseinschränkungen zu lösen.

Die Unterschiede in der Art der Bewegungseinschränkung erfordern geringfügig andere Vorgangsweisen:

Strukturelle Bewegungseinschränkungen werden vorrangig gegengleich mobilisiert (bei einem Rundrücken erfolgt die Mobilisierung aus der Rundrückenposition in Richtung gerader Rücken, bei einem Flachrücken in Richtung »Katzenbuckel«).

Mobilisieren bei Rundrücken:

Mobilisieren in Richtung Abflachung der Krümmung

Mobilisieren der Brustwirbelsäule mit Atemunterstützung

Mobilisieren bei Flachrücken:

Mobilisieren in den Katzenbuckel

Bei der funktionellen **Bewegungseinschränkung** ist die Mobilisierung umfassender bzw. vielseitiger, da zusätzlich zur speziellen Bewegungseinschränkung auch das Bewegungsmuster variiert werden sollte.

Wichtig ist auch die Art der Mobilisierung. Da die Beweglichkeit der Gelenke verbessert werden soll, ist es sinnvoll, wenn das Gelenk dabei nicht belastet oder zumindest nur gering belastet ist. Außerdem sollte die Muskelspannung möglichst herabgesetzt sein, damit auch vom Muskel nur ein geringer Druck auf die Gelenke ausgeübt wird.

Dies trifft zu, wenn zuerst die Muskulatur entspannt wird und Positionen gewählt werden, in denen die Belastung der Gelenke reduziert wird: z. B. im Fall der Wirbelsäule das Mobilisieren im Kniestand mit aufgestützten Händen.
Dabei wird das Körpergewicht auf Armen und Knien abgestützt und die Wirbelsäule ist nur gering belastet.

Die Bewegung darf nicht als Bemühen um das Erreichen einer Endposition missverstanden werden, sondern soll nur ein leichtes Bewegungsspiel im mittleren Bereich sein.

Das Bewegungstempo beim Mobilisieren sollte langsam und gleichmäßig sein und kann dabei dem Atemrhythmus folgen. Beim Mobilisieren in der Bankstellung: Den Rücken nach oben wölben (Katzenbuckel) bei gleichzeitigem Ausatmen und zurück in die Ausgangsposition bei gleichzeitigem Einatmen.

Die Mobilisierungsübungen werden durchschnittlich 4- bis 6-mal durchgeführt.

Mobilisieren der Halswirbelsäule

Jedes Mobilisieren der Halswirbelsäule muss äußerst vorsichtig erfolgen. Die Bewegungen sollen langsam und locker und nicht bis in die Endposition ausgeführt werden.

Die wichtigsten Übungen sind das Beugen und Aufrichten des Kopfes, wobei die Aufrichtebewegung nur leicht über die Lotrechte nach hinten erfolgen und das Seitneigen des Kopfes ohne zusätzliches Dehnen der Halsmuskulatur ausgeführt werden sollte sowie die Drehbewegung mit aufrechtem und mit gebeugtem Kopf.

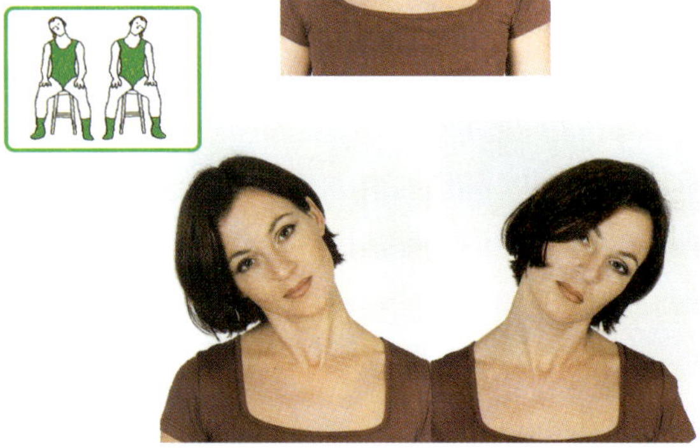

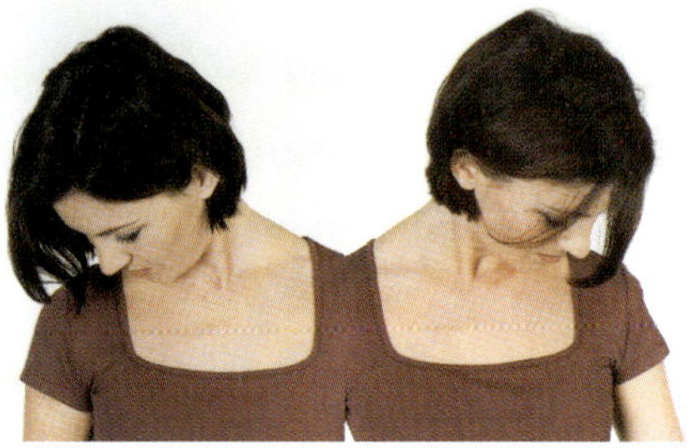

Mobilisieren der gesamten Wirbelsäule

Am gebräuchlichsten sind Mobilisierungsübungen in der Bankstellung. Mit dem »wandernden Katzenbuckel« wird die gesamte Wirbelsäule von der Halswirbelsäule bis zur Lendenwirbelsäule bewegt – wobei der jeweilige Wirbelsäulenabschnitt gezielt mobilisiert werden kann.

In der hohen Stützposition mit den Händen direkt an den Knien oder im Stehen mit Abstützung auf einer Stuhllehne wird vorwiegend der Bereich der Halswirbelsäule und der oberen Brustwirbelsäule mobilisiert,

in der Neutralposition mit senkrechten Armen und Oberschenkeln der Bereich von Halswirbelsäule bis zur mittleren Brustwirbelsäule,

in der Position, in der die Hände etwas weiter vorne sind, die mittlere und die untere Brustwirbelsäule und

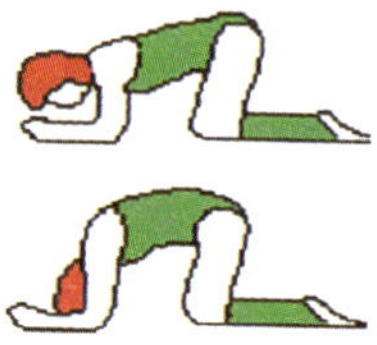

mit aufgestützten Unterarmen die untere Brust- und die Lendenwirbelsäule.

Der wandernde Katzenbuckel

Bei einer Skoliose wird bei der Mobilisierung in der Bankstellung die Asymmetrie der Rumpfkontur deutlich sichtbar. In diesem Fall wird versucht, entweder durch Veränderung der Arm- und Beinstellung (eine Hand etwas weiter nach vor, ein Knie etwas weiter zurück) bzw. durch bewusstes Hochbewegen der niedrigeren Rumpfseite (mit Atemunterstützung) eine Symmetrisierung zu erreichen.

Bei der **lateralen Mobilisierung** (Seitbewegen) der Wirbelsäule wird in sitzender Position abwechselnd eine Gesäßhälfte belastet und bei leicht rückgekipptem Becken die Lendenwirbelsäule seitlich bewegt.

Danach erfolgt die Seitbewegung in der Brustwirbelsäule. Diese Seitbewegung kann durch bewusstes Einatmen in die nach außen bewegte Seite verstärkt werden.

Zuletzt werden die Arme abwechselnd seitlich hochgenommen und zur Verstärkung der Seitbewegung eingesetzt.

Zur Verbesserung der Drehbewegung dient eine kombinierte Beuge-Dreh-Bewegung im Sitzen, die auch gezielt im individuellen Skolioseprogramm für ein rotatorisches Mobilisieren von Wibelsäulenabschnitten eingesetzt wird.

Dabei wird eine Hand an die Außenseite des gegenüberliegenden Fußes geführt.

Zur Entlastung der Lendenwirbelsäule kann ein Arm aufgestützt werden.

Neben der Wirbelsäule sind natürlich auch alle anderen Gelenke zu mobilisieren. Schultern, Ellbogen, Hände, Finger, Hüfte, Knie, Knöchel und auch die Zehengelenke sollten regelmäßig in ihrem aktiven Bewegungsumfang bewegt werden.

Obwohl solche Übungen nicht direkt zur Wirbelsäulengymnastik zählen, sind sie für die Gesamtbeweglichkeit des Körpers und damit auch für die Wirbelsäule wichtig.

Besonders notwendig sind für die meisten von uns Mobilisierungsübungen für den Schulter-Nacken-Bereich.

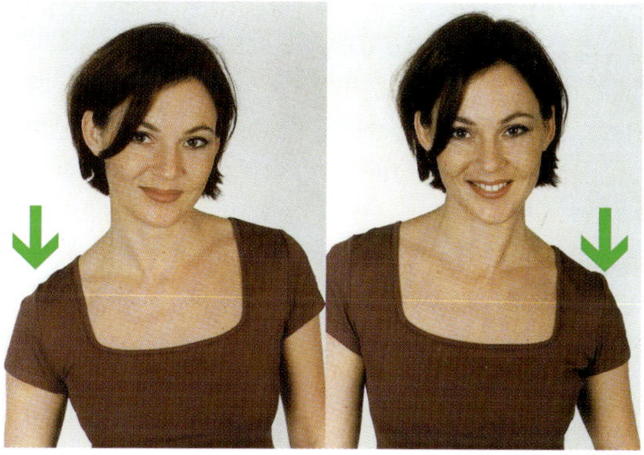

Bewegungen wie die Schulterwaage (abwechselndes Senken einer Schulter, ohne die andere hochzuziehen) oder

das Schulterkreisen (abwechselnd rechts und links und vorwiegend nach hinten) bauen Verspannungen ab, machen den Schultergürtel wieder beweglich und korrigieren dadurch automatisch auch die Körperhaltung.

Für die optimale Funktionstüchtigkeit dieses zentralen Achsenorgans ist es wichtig, dass alle seine Bewegungssegmente, also alle Wirbelgelenke, an der Bewegung teilhaben und die Wirbelsäule auf diese Weise in ihrer ganzen Länge möglichst lange beweglich bleibt.

Koordination

Die Schulung der Koordination bildet den Abschluss der Funktionsgymnastik. Ziele sind

- die Verbesserung der Bewegungsqualität bei großräumigen Bewegungen,
- die Ausführung längerer Bewegungsfolgen,
- die Anpassung der eigenen Bewegungsausführung an die Musik als äußeren Rhythmusgeber und
- das Erlernen neuer und komplexer Bewegungsmuster.

Dazu muss gesagt werden, dass es für eine Einzelperson nicht ganz einfach ist, allein und in den eigenen vier Wänden die Bewegungskoordination zu verbessern. Leichter ist es sicherlich, in einer Gruppe mit Vorturnerin oder nach Videos zu üben.

Je nach Alter, Musikgeschmack, sportlichen Anforderungen und zur Verfügung stehender Zeit kann unter verschiedenen Trainingsvarianten gewählt werden.

Grundsätzlich werden zuerst die verschiedenen Bewegungsfolgen erlernt – Schrittkombinationen, Drehungen, Arm-Bein-Bewegungen – und zur Musik ausgeführt.

Geschult werden Gleichgewicht, Körperkontrolle und freies Bewegen des Körpers zur Musik.

Durch die Anpassung an Fremdrhythmen, das Modifizieren der eigenen Motorik und das Training verschiedener Koordinationsmuster kommt es zu einer verbesserten Bewegungsqualität auch in der Alltagsmotorik.

Nach überstandenen Wirbelsäulenproblemen können Bewegungsfolgen mit Musik die Rückkehr zu einem angstfreien Bewegungsverhalten einleiten. Musikgymnastik lässt Bewegungshemmungen vergessen und ist ein idealer Ausgleich zu intensiven Korrekturübungen.

Koordinationsübungen mit Musik sind außerdem ein sehr wirkungsvoller Motivationsfaktor. Ein gelungenes Tanz- oder Bewegungsprogramm macht nicht nur Freude, sondern trägt auch zur Stärkung des Herz-Kreislauf-Systems und der Kondition bei.

Haltungsschulung

Haltung ist nicht nur das zufällige äußere Erscheinungsbild eines Menschen, sondern zugleich auch Ausdruck seiner Gesamtpersönlichkeit. Haltungsschulung bedeutet daher auch immer ein Eindringen in die Persönlichkeitssphäre und sollte aus diesem Grund so wenig wie möglich von außen erfolgen.

Haltung sollte aus der Person selbst entstehen und nicht »angenommen« werden müssen.

Haltungsverbesserung ist das Ergebnis eines Geschehens, das zwar immer wieder angeregt werden sollte, sich aber letztendlich von selbst entwickeln soll.

Eine aufgezwungene Haltungskorrektur wirkt meist fremd und unnatürlich. Bewusst vorgenommene Teilveränderungen müssen sich in die Gesamthaltung integrieren lassen. Das ist ein länger dauernder Prozess, der von selbst abläuft und sich selbst organisiert.

Trotzdem muss sich jemand erst einmal dazu entschließen, seine Haltung und damit auch sein äußeres Erscheinungsbild zu verändern. Wenn es zu einer sichtbaren Haltungsverbesserung kommen soll, muss er oder sie bereit sein, diese Haltungsveränderung immer wieder durch eigenes Bemühen zu initiieren.

Mehrmaliges Ausprobieren bisher ungewohnter Bewegungsabläufe während des Tagesablaufs soll kein zwanghaftes Übernehmen dieser Übungen zur Folge haben, sondern nur als Anregung für eine erweiterte Bewegungspraxis dienen.

Um aus einer über längere Zeit hindurch eingenommenen Fehlhaltung herauszukommen, kann man zunächst einmal verschiedene Haltungsvarianten ausprobieren und sie dem Körper »anbieten«.

Das kann durch unterschiedliche Bewegungsübungen und neue Bewegungsabläufe geschehen. Damit sollen nicht nur mehr Variationsmöglichkeiten geboten, sondern auch ein freieres »Gelenkspiel« erreicht werden.

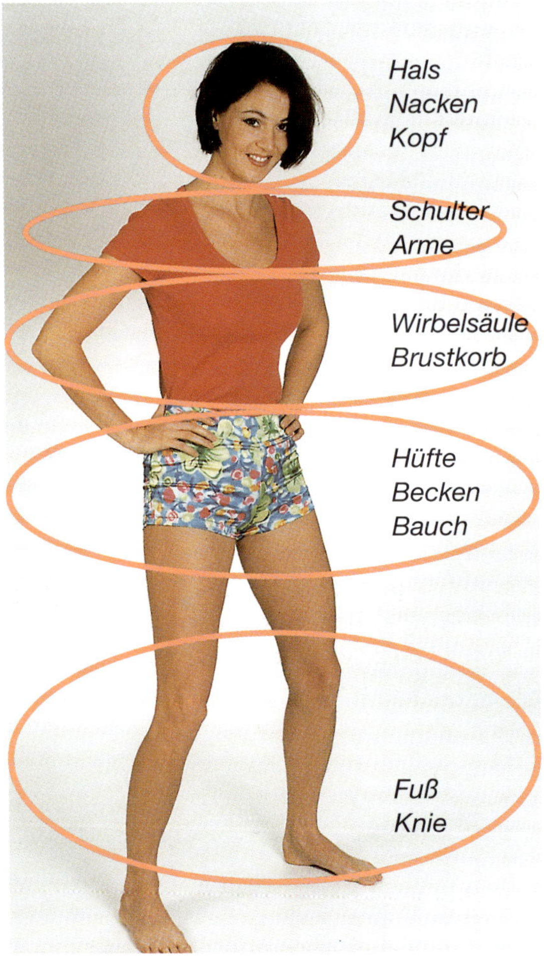

Die Bewegungsübungen können den verschiedenen **Haltungsetagen** zugeordnet werden, auch wenn immer der gesamte Körper an der Bewegung beteiligt sein soll. In kleinen Übungseinheiten werden – von unten beginnend – in jeder »Etage« verschiedene Bewegungsabläufe ausgeführt und die – individuell unterschiedlichen – Bewegungsmöglichkeiten ausgelotet:

Haltungsetagen

- Fuß/Knie
- Hüfte/Becken/Bauch
- Wirbelsäule/Brustkorb
- Schultern/Arme
- Hals/Nacken/Kopf

Durch das Üben und Variieren einfacher Bewegungsabläufe werden erstarrte Routinemuster durch neue Bewegungsvariationen ersetzt.

Fuß- und Kniebewegungen

Fußbewegungen beim Stehen und Gehen, Belastungsvarianten, das Durchspielen der Bewegungsachsen des Fußes usw. wirken nicht nur direkt auf den Fuß, sondern – über den zentralen Bewegungsspeicher – auf die gesamte Körperhaltung.

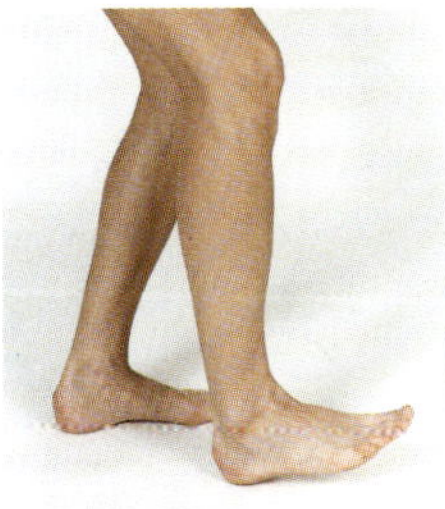

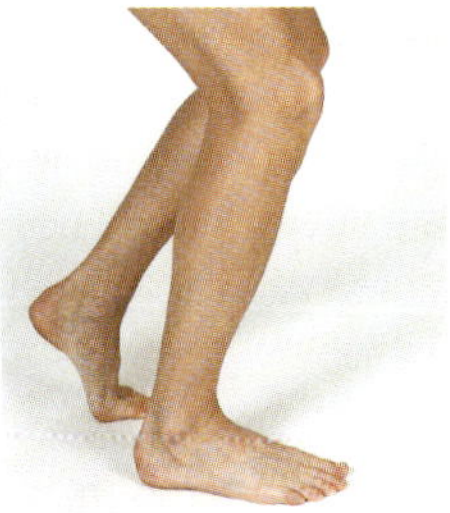

Eine »unsensible« Fußsohle lässt nicht nur Haltung und Gang schwerfällig erscheinen, sie beeinträchtigt auch das Gleichgewichtsgefühl und verringert die Sicherheit beim Gehen.

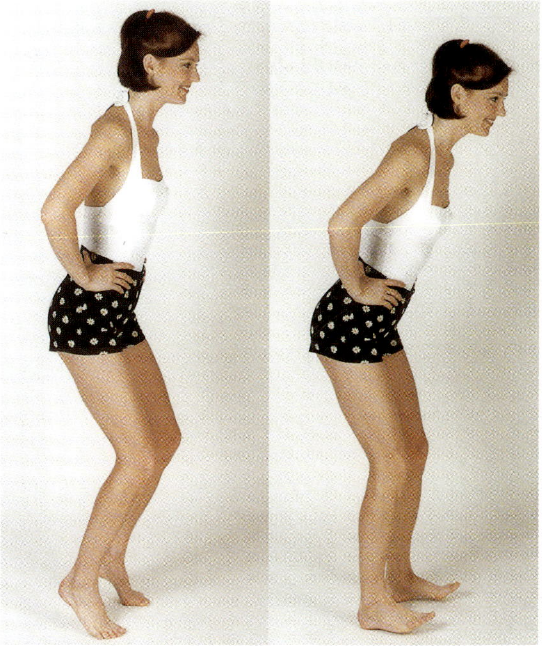

Einfache Übungen wie Schrittrollen (Abrollen des Fußes über die ganze Sohle), die Fußuhr (man steht in der Mitte eines gedachten Zifferblattes und rollt den Fuß auf allen Stundenziffern ab: Bewegungen in allen Fußachsen) und Belastungswechsel über die Längsachse (Fußwiege) fördern die Durchblutung und die Sensibilität unserer erdnächsten Körperzone und trainieren gleichzeitig die Basis für den Haltungsaufbau. Dazu kommen leichte Kniebeuge- und Streckvarianten und die Kombination der Fuß- und Kniebewegungen in Belastungs- und Entlastungspositionen.

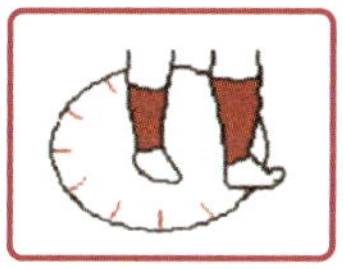

Bewegungen für Hüfte, Becken und Bauch

Wer nicht gewohnt ist, die Körperhaltung durch Ausgleichsbewegungen des Beckens automatisch zu variieren, braucht für das Erlernen der einfachen Vor-Rück-Kippbewegung des Beckens vermutlich mehrere Wochen.

Beckenkippen im Liegen, Sitzen, Knien, Stehen und Gehen ist eine grundlegende Übung der Haltungskontrolle.

Zusammen mit der Beckenbewegung kann ein Aktivieren der Bauchmuskeln geübt werden, das ein Stabilisieren der Beckenstellung ermöglicht. Genauso wichtig ist aber auch das Erlernen einer Entspannung der Bauchmuskulatur in Verbindung mit der Bauchatmung.

Aufbauend auf die Beckenbewegung wird die **Wirbelsäulenbewegung** in drei Ebenen durchgeführt:

- Eine Rotationsbewegung der Wirbelsäule entsteht – entweder im Stand oder beim langsamen Gehen – durch die zyklische Gegenbewegung des Beckens zur Schulter.
- Dann folgt – wiederum abwechselnd rechts und links – das Abkippen des Beckens mit einem Seitschwingen der Lendenwirbelsäule und zuletzt die Vor-Rück-Bewegung der Wirbelsäule zusammen mit dem Vor- und Rückkippen des Beckens.
- Diese Vor-Rück-Bewegung der Wirbelsäule soll – auch ohne Mitbeteiligung des Beckens – bis in die mittlere und obere Brustwirbelsäule ausgeführt werden, um entsprechende Haltungsveränderungen zu erleichtern (Aufrichtung der Brustwirbelsäule bei Rundrückentendenz, Kyphosierung bei Flachrücken und Skoliosierungen).

Bei den **Schulterbewegungen** zielen die Bewegungsübungen auf eine freie Beweglichkeit der Schultergelenke als Voraussetzung für Variationsmöglichkeiten in Schulterhöhe und -position. Das geschieht vorwiegend durch Heben und Senken beider Schultern bzw. abwechselnd rechts und links, durch Vor-Rück-Bewegungen der Schultern und ein leichtes Vorschieben des Brustbeins.

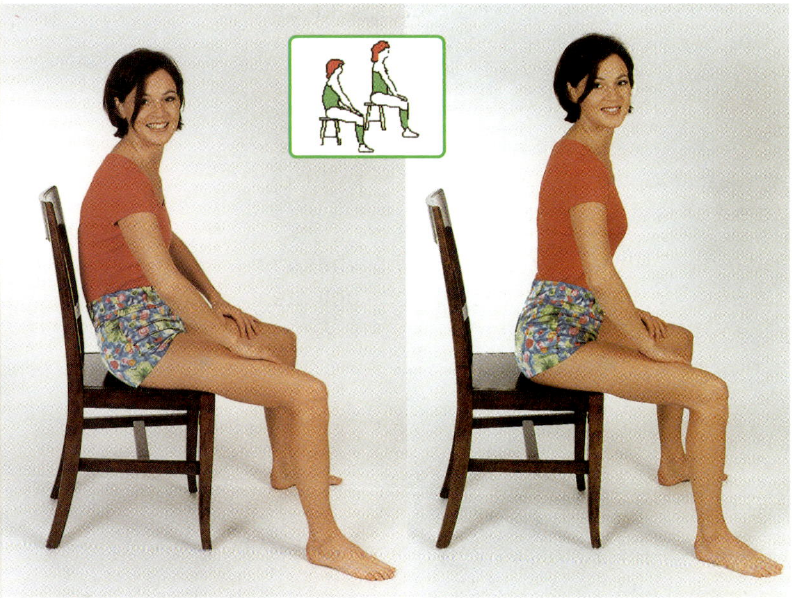

Die Schulterbewegungen sind sowohl als singuläre Mobilisierungsübungen auszuführen (Schulterwaage, Schulterkreisen etc.) als auch in der Verbindung mit dem Brustkorb und der Brustwirbelsäule.

Eine wirkungsvolle Übung zur Verbesserung der **Kopfhaltung** ist für ein paar Sekunden dauerndes, leichtes »Langziehen« des Halses bei gesenkten Schultern.

Hals-Kopf-Bewegungen sind gewissermaßen die Endbewegungen in der Gliederkette vom Fuß bis zum Kopf. Als Endglied hat der Kopf auch die größte Bewegungsfreiheit, was in den normalen Haltungsübungen allerdings nur ausnahmsweise ausgenützt werden sollte.

Haltungs- und Spannungswechsel

Neben diesen Bewegungsübungen in den kritischen Haltungsbereichen werden mehrmals am Tag die angestrebten Korrekturhaltungen eingenommen, und zwar jeweils nur für wenige Sekunden. Danach sollte man wieder entspannen und nicht mehr an die Korrekturhaltung denken.

Auch der Aufbau der Gesamtkörperhaltung beginnt im lockeren Stand mit gelösten Knien und leicht gebeugten Hüften. Zuerst richtet sich das Becken etwas auf, dann wird die Wirbelsäule mit ganz leichten, »serpentinenartigen« Seitbewegungen bis in Kopfhöhe aufgerichtet, so dass man insgesamt um 2 bis 3 cm »größer« wird.

Dann lässt man den ganzen Körper wieder bewusst locker, entspannt Schultern, Rücken und Bauch und konzentriert sich auf eine freie Bauchatmung.

Integration der Haltung in die Bewegung

Wenn man nach einigen Wochen das Gefühl hat, zu wissen, wie die gewünschte Haltungsveränderung vorgenommen werden kann, sollte man beginnen, sie in Alltagsbewegungen zu integrieren.

Zuerst beim Schrittrollen, dann im langsamen Gehen versucht man, die korrigierte Haltung einzunehmen und sie allmählich in allen täglichen Bewegungsabläufen einzubauen.

Die Körperhaltung ist natürlich auch abhängig von psychischen Faktoren. Insgesamt sind besonders die Schulterhaltung und der Bereich Brustwirbelsäule oft deutliche Anzeichen für die emotionale Großwetterlage.

Vielleicht haben Sie in diesem Buch Anregungen gefunden, wie Sie ein längerfristiges und stabiles persönliches Hoch erreichen können!

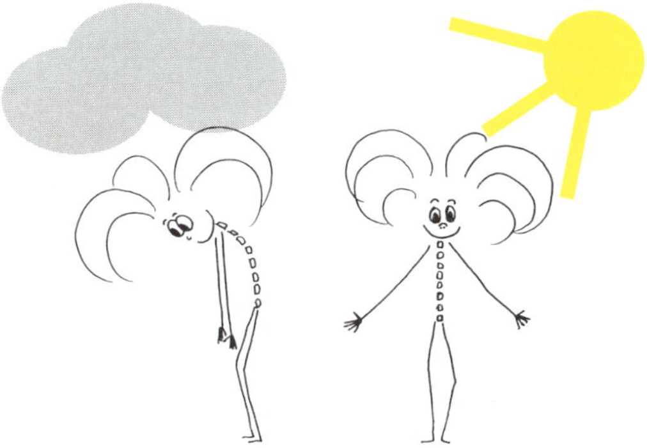

In jedem Fall sollten Sie Ihre neue Haltung als einen Zustand empfinden, in dem Sie sich wohl fühlen!

Weitere Informationen über www.wirbelix.com

Wirbelsäulenvorsorge

für Kindergärten, Volksschulen, Höhere Schulen,
Berufsschulen, Musikschulen
Gemeinden, Betriebe, Fitness/Wellness Bereiche,
Gesundheitshotels, Therapiezentren

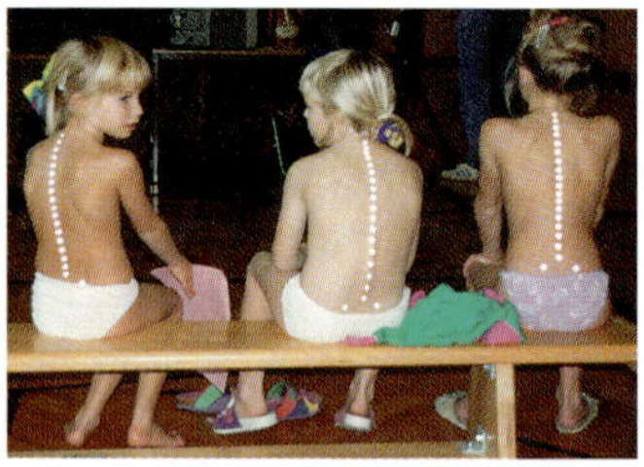

Rückenschule

Wirbelsäulentage – Wirbelsäulenwochen
Rückenschule für Musiker

Ausbildung und Seminare/workshops

Funktionsprogramm Wirbelsäule und
Bewegungsschule (Übungsleiterausbildung)
Haltungsuntersuchungen und Videoscreeening

Methoden und Programme

Videoscreeening
Haltungsuntersuchung
SpineAnalysisSystem SAS
Wirbel-med
Feedbacktherapie

Produkte und Medien

Videos – CDs – MCs – Broschüren – Polsterset

Kontakt: Grazer Gang- und Rückenschule
Büro-Adresse: A-8052 Graz, Herbersteinstraße 76
Tel. 0043 (0)3 16 / 58 48 48, Fax 0043 (0)3 16 / 58 48 49
e-mail: www.info@wirbelix.com